时光织锦

AIGC在宋韵服饰数字生命重构中的应用与研究

刘士瑾◎著

中国纺织出版社有限公司

前言

20世纪20年代，中国出版家张元济先生在风雨飘摇的时局之中坚持考献出版《四部丛刊》时曾言："睹乔木而思故家，考文献而爱旧邦。"文化遗产是中华民族历史文化成就的重要标志，也是赓续中华民族文脉、铸就社会主义文化新辉煌的重要载体。文物和文化遗产承载着中华民族的基因和血脉，是不可再生、不可替代的中华优秀文明资源。要让更多文物和文化遗产活起来，营造传承中华文明的浓厚社会氛围。当今时代文化竞争日趋激烈，源于中国悠久的历史和丰富的文化遗产，文化认同、文化自信对中国人的影响极为深远，尤其是在国际竞争十分激烈的今天显得尤为关键。服饰作为中华文明历史长河中重要的载体，起着重要的传承作用。

历史学家柳诒徵曾言："有宋一代，武功不竞，而学术特昌。上承汉唐，下启明清，绍述创造，靡所不备。"宋代由于其历史原因，真正做到文化的兼容并蓄、融会贯通，形成了文化高峰。南宋定都临安（今浙江杭州），该城市也是在宋代呈现出繁荣气象。"宋韵"两个字既是两宋时期的文化美学、精神价值和物质形态，也是两宋文化的核心与精华，是中华优秀传统文化的重要组成部分，对宋韵文化的解析和数字化的整理具有跨越时空的当代价值和博大深远的世界意义。

宋代以文立国，与士大夫共治天下，并惯有"重文轻武"的思想观念，文化发展盛极一时，其国君对艺术和文化的热爱与推崇是显而易见的。从宋太祖赵匡胤到宋高宗赵构，几位宋代国君不仅在政治治理上有所建树，在艺术文化方面也颇有成就。如宋太宗赵光义，他是一位出色的书法家，尤其擅长楷书；宋徽宗赵佶自创"瘦金体"。上有所好，下必甚焉，开放多元的社会风貌成就了宋代繁花锦簇的艺术成就，成为中国文化史上的黄金时代。宋代服饰亦受此熏染。因立朝破局乱世，又经历南迁，宋代的服饰文化形成了独具特色的"多元"文化审美。然宋代服饰于现今民众中的普及、熟知程度较唐、清等朝代相去甚远，既有历史原因，亦有传承赓续脉络失能的原因。

而今数字技术，尤其是生成式人工智能大模型的快速发展，为宋韵文化实现创造性转化与创新性发展提供了新的契机，《中华人民共和国国民经济和社会发展第十四个五年规划和2035年远景目标纲要》明确提出"实施文化产业数字化战略"；在全国宣传思想文化工作会议上，习近平总书记提出"着力赓续中华文脉、推动中华优秀传统文化创造性转化和创新性发展，着力推动文化事业和文化产业繁荣发展"。要回应和解决这一重大时代命题，传统文化产业应发挥人工智能、数字平台等新兴技术优势，积极推动中华优秀传统文化创造性转化和创新性发展。当前，我国文化数字化发展仍处在起步阶段，但已经展现出巨大的潜力和前景。这一过程涉及将传统文化资源转化为数字格式，以便更容易地保存、管理、共享和传播。未来，随着技术的不断进步和应用的不断拓展，文化数字化将在保护传统文化、促进文化创新和加强国际文化交流中发挥越来越重要的作用。

宋韵文化对浙江有着不一般的意义，著名华裔学者刘子健就认为："此后中国近八百年来的文化，是以南宋文化为模式，以江浙一带为重点，形成了更加富有中国气派、中国风格的文化。"2020年9月，时任浙江省委书记袁家军在浙江文化研究工程实施十五周年座谈会暨省文化研究工程指导委员会会议上明确提出"宋韵文化"；2021年8月，浙江省委文化工作会议提出宋韵文化作为中华优秀传统文化的重要组成部分，是具有中国气派和浙江辨识度的重要文化标识，实施"宋韵文化传世工程"，强调"让千年宋韵在新时代'流动'起来、'传承'下去"。

杭州万向职业技术学院亦承继时代使命，发挥学院专业与师资优势，服务杭州经济社会发展，凝聚力量形成以"聚集城市品牌的内涵与效能、引领前沿理论研究、创新城市品牌提升"为特征的"杭州新时代城市品牌研究与开发基地"，通过阐析"数智杭州·宜居天堂"城市品牌的内涵和效能，研究数字经济、内循环双创、智能制造、美好品质、文化创造的路径，计划打造城市品牌推广和提升的"智库"，努力把"杭州新时代城市品牌研究与开发基地"，建设成为杭州市乃至浙江省"数智杭州·宜居天堂"品牌的桥头堡、理论研究的主阵地、创新创业的大平台、政策咨询的主渠道，为杭州提升城市能级、早日成为国际知名城市品牌作出贡献。

基于此前提，本书亦立足杭州城市品牌建设，将沿革宋韵服饰文化脉络，基于"前沿科技＋文化遗产"，借鉴领域内具有行业前瞻性与社会价值的创新案例、应用场景与解决方案，探索宋韵服饰文化遗产活化路径，借人工智能生成内容（Artificial Intelligence Generative Content，AIGC）大爆发的东风，以用促保，开拓可持续发展路径，为形成多元协作保护传承新格局付出微末努力。

　　本书为浙江省高职教育"十四五"教学改革项目《产业需求导向下高职华服数智化人才培养创新改革与研究》（编号：Jg20230378）阶段性成果，杭州万向职业技术学院2021年度"杭州新时代城市品牌"专项课题《美服天堂——基于杭州地域文化探索的华服体系传承与创新路径构建》（编号：wxcp2021007）研究成果。

笔者于2024年1月1日写于杭州

目 录
Contents

第四章　数字生命的微妙奇迹：未来技术的畅想与传播方式

第一章

宋韵汉服数字焕活研究概述

在文化多元化的全球格局下，传统汉服文化的现代传承面临着既要保持历史底蕴又要契合时代需求的挑战。宋韵汉服的数字焕活研究，实质上是对汉服文化内在逻辑的深度挖掘与数字重构，通过运用现代科技手段，实现历史服饰文化的现实重建与生动演绎，充分响应了汉服文化传承的时代要求，呼应了国家大力倡导文化自信这一核心理念。通过深入研究并生动展现宋韵汉服的美学特质与人文精神，不仅丰富了民族文化符号的内涵，更通过数字化传播手段，有力增强公众对中华优秀传统文化的认识与认同，唤醒并提升了文化自信。

伴随 AIGC 技术的日益成熟，其在文化领域尤其是汉服文化传承中的应用潜能逐渐凸显。通过将 AIGC 技术应用于宋韵汉服的数字化重构与创新设计，可降低创作门槛，拓展创作边界，为汉服文化的现代化再生与创新性发展提供新的技术支持。在此大趋势之下，国家给予了文化产业创新与传统文化传承明确的政策导向与实际支持，尤其是在科技赋能文化方面的战略布局。宋韵汉服的数字焕活项目在政策春风中应运而生，受益于政策的有力支撑，其在技术研发、成果转化和市场推广等多个层面取得实质性进展，为今后同类研究与实践提供了可资借鉴的成功范例。宋韵汉服数字焕活的研究涵盖了从文化传承、市场需求对接、文化自信培育、技术创新驱动到政策环境优化等多维度考量，其所产生的研究成果和实践经验对于推动我国传统文化的现代转型、促进文化产业高质量发展及提升国家文化软实力等具有显著的价值和深远的影响。

第一节
汉服文化传承的研究背景

一、时代要求

在过去十几年，由于其他各方文化的输入强过我国的文化资源普及程度，大众对中华民族自身文化的认知度并不高，导致人们在潜移默化中产生了对文化尤其是东亚文化界限认知模糊的情况，甚至是文化不自信。我国在经济基础建设发展的进程中不可避免地引入了其他国家的文化产品，尤其是影视文化作品，以致年轻一代消费者对汉服知识结构及演进史的认知较为薄弱。然而，伴随中国国力日渐强盛、民族自尊心高昂、国潮民族品牌涌起，文化自信成为现代消费者的刚性需求，汉服就是这样一个载体，这些需求非常直观地体现在了汉服市场上，艾瑞咨询《2022年中国新汉服行业发展白皮书》调查显示：汉服消费者规模在2021年已达1021万人，同比增长14.4%。

人民群众对中国传统文化的需求和传统文化传承与创新普及力度的不足的矛盾在互联网发达的今天产生了摩擦，如在2021年初，新浪微博上爆发了关于韩服与汉服起源之争，日搜索词条"汉服该不该普及"阅读次数1.4亿，讨论次数1.9万次。同样，近年来观众对国产古装电视剧的服化道中"以倭代华"现象的声讨接连不断，如2022年初某古装剧频频上热搜，并最终下架，是因为剧中出现的服装、配饰及纹样布景等都来源于和服。同年，法国某时尚品牌抄袭我国传统服饰马面裙，并在官网标注为该品牌标志性廓型事件，引发了国际互联网声势浩荡的关于"文化挪用"的讨论。

1995—2009年出生的一代人，是文化传承与发展最主要的受众群体，他们与网络信息时代同步成长，深受数字技术、智能设备等影响，也被称为Z世代。近年来，Z世代群体在互联网上频频讨论的对汉服的选择，无论是消费选择还是文化倾向性，都是生长于互联网时代的年轻群体对中国文化认同、传承和嬗变需求的一个重要信号。每一句对汉服来路追问的时刻都极具象征意义，都是我们追本溯源、想要找到自己的时刻。

文化自信是一个民族文化传承和发展的心理基础，是一个民族立于世界民族之林的坚实底气，中华民族伟大复兴注定伴随着中华文化的繁荣、昌盛，这是社会的期待、历史的必然。汉服传承背后传达的对中华文化的自尊心及对中华文明的认同感激起了互联网的强烈关注和讨论。汉服的文化属性决定了文化认同对汉服传承与保护的重要性，同时文化认同也是汉服及其代表的精神文化遗产存续发展的核心机制。种种迹象表明，对中华民族传统服饰文化的梳理和普及都是迫在眉睫的时代要求。

二、宋代风貌

本书选择宋代文化为切入点，尤其具有研究价值。宋代（960—1279年）作为中国历史上文化极其出挑的朝代，是中国历史上一个极富创造性和繁荣的时期，其文化在世界历史舞台上占有重要地位。

（一）文化繁荣

宋代以其长达三百余年的历史，为中国文化奠定了深厚基础。其文化地位不仅表现在经济繁荣、科技进步上，更在文学、绘画、建筑、制度等多个方面取得了显著成就。这一时期的文化成就，被后来的历史学家誉为"文化之治"。甚至有史学家将宋代作为中国历史"现代"与"古代"的分割线，历史学家钱穆明确指出："论中国古今社会之变，最要在宋代。宋以前，大体可称为古代中国。宋以后，乃为后代中国。"❶日本学者内藤湖南❷也曾经在书中发表过这样的看法。明代史学家陈邦瞻评价宋代："宇宙风气，其变之大者三。鸿荒一变而为唐、虞，以至于周，七国为极。再变而为汉，以至于唐，五季为极。宋其三变，而吾未睹其极也。"其概述了中国历史发展的几个重要阶段，并认为宇宙风气（即时代精神和文化趋势）经历了三次显著的变化，他认为宋代开启了一个未完成的历史进程，这一历史进程堪比从远古洪荒时期演变为唐尧虞舜的人类文明进程，其后的发展仍有待观察与探索。两宋震古烁今的文明成就在中国历史上的地位是毋庸置疑，对后世及各国形成的文化传播影响亦是如此。如意大利旅行家马可·波罗曾在游记中对宋代的文化给予高度评价，他赞美了宋代的繁荣和文明，特别强调了其发达的贸易、先进的科技及宏伟的建筑。马可·波罗的游记成为世界对宋代文化认知的窗口，为后来的文化研究提供了重要资料。近年，德国学者迪特·库恩在《儒家统治的时代：宋的转型》一书中曾言："在一千多年前，宋朝就作为世界上最先进的文明国家出现了。"❸

宋代文化繁荣的原因很多，其中包括政治稳定、经济繁盛、文官武将共同治理国家、文人的崇文风气等。政治制度的改革和经济的繁荣相互促进，为文化的蓬勃发展创造了有利条件。宋代文艺的发展之煌煌，从文学到书法，从绘画到科技，不仅在各个艺术美学领域都有显著的成就，在艺术和科技的融合上也展现了独特的风貌。文化从来不是单一的发展，而是糅杂了人文风貌、思想政治、经济发展、地域基因等诸多元素的外在呈现，也可以通俗地理解为"精神气儿"。宋代程朱理学、阳明心学在思想哲学方面

---

❶ 钱穆. 中国学术思想史论丛（六）［M］. 北京：生活·读书·新知三联书店，2009：233.

❷ 内藤湖南. 东洋文化史研究［M］. 林晓光，译. 上海：复旦大学出版社，2016：104.

❸ 迪特·库恩. 儒家统治的时代：宋的转型［M］. 李文锋，译. 北京：中信出版社，2016：2.

大放异彩并影响后世千年。在绘画领域，有文人画派的兴起，以赵孟頫等为代表，形成了独特的绘画风格，夏圭所作《溪山清远图》展示了中式构图中所谓"疏可驰马，密不通风"的细腻笔触和深远意境，范宽的《溪山行旅图》则以其宏伟的山水画面表现了人与自然的和谐共生。宋代也出现了许多著名的书法家。例如，米芾以其独特的行书和草书风格闻名，宋徽宗赵佶的瘦金体更是一种独特的书法艺术，其飘逸灵动，影响了后世书法发展。国家级非物质文化遗产之一汴绣也称"宋绣"，与苏绣、湘绣、粤绣、蜀绣一起合称为"中国五大名绣"，是中国传统刺绣艺术中的一个重要流派，尤以河南开封、浙江杭州等地的绣品最为著名。宋绣以其细腻工整、构图严谨、色彩典雅而著称，体现了当时高度发展的工艺美术水平。

1138年，颠沛流离的南宋王朝迁都临安府（今浙江杭州）。这次的衣冠南渡为杭州城南北融合的历史文化起到了积淀作用，使其具有了多元文化的鲜明印记。从我国的历史来看，各国都城的建立都在华北平原一带，以陕西西安和河南开封、洛阳为中心（表1-1-1）。南北宋恰巧各自将都城设在地理版图的南北方各一百余年，许是这样的难得机缘使宋代的文化风貌格外不同，如著名思想家、哲学家李泽厚先生曾对比两宋艺术风格的变迁，认为"北宋以雄浑、辽阔、崇高胜；南宋以秀丽、工致、优美胜"。[1]皇权中心地理位置对美学发展的影响可见一斑。

表1-1-1 中国历代都城（部分）

朝代	都城	时间范围
夏	黄河中游地区	约前2070—约前1600年
商	黄河中游地区	约前1600—前1046年
西周	镐京（今陕西西安）	前1046—前771年
东周	洛邑（今河南洛阳）	前770—前256年
秦	咸阳（今陕西咸阳）	前221—前207年
西汉	长安（今陕西西安）	前202—25年
东汉	洛阳（今河南洛阳）	25—220年
西晋	洛阳（今河南洛阳）	265—317年

---

[1] 李泽厚. 美学三书［M］. 合肥：安徽文艺出版社，1999：176.

续表

朝代	都城	时间范围
东晋	建康（今江苏南京）	317—420年
南北朝（南朝）	建康（今江苏南京）	420—589年
隋	大兴（今陕西咸阳）	581—618年
唐	长安（今陕西西安）	618—907年
北宋	汴京（今河南开封）	960—1127年
南宋	临安（今浙江杭州）	1127—1279年
元	大都（今北京）	1271—1368年
明	南京，后迁至北京	1368—1644年
清	北京	1644—1911年

注 春秋（公元前770—前476年）、战国（公元前475—前221年）、三国（220—280年）、五代十国（907—979年）时期各国都城不同。

（二）经济发达

经过北宋一个多世纪的发展，临安成为当时财富的中心，商业非常繁荣，《梦粱录·卷十三》提道：

今诸镇市，盖因南渡以来，杭为行都二百余年，户口蕃盛，商贾买卖者十倍于昔，往来辐辏，非他郡比也……大抵杭城是行都之处，万物所聚，诸行百市，自和宁门权子外至观桥下，无一家不买卖者，行分最多，且言其一二，最是官巷花作，所聚奇异飞鸾走凤，七宝珠翠，首饰花朵，冠梳及锦绣罗帛，销金衣裙，描画领抹，极其工巧，前所罕有者悉皆有之。❶

南宋都城杭州（临安），作为国家的政治心脏，以其独特的地理位置与历史背景，构建了一幅商业繁荣、物产丰饶、行业繁多的城市画卷。此段话表明杭州商贸特点有四：

其一，行都地位与万物汇聚。杭州作为南宋的首都，享有"行都之处"的尊崇地位，吸引了各地商人、工匠与物资汇集于此。其作为政治中心的辐射力，使杭州成为重

---

❶ 吴自牧. 梦粱录［M］. 杭州：浙江人民出版社，1980：115.

要的经济枢纽。城市内"万物所聚"，涵盖日常生活所需的各种商品，反映出物资流通的广泛与丰富，体现了南宋社会经济的高度发展。

其二，繁华商业街区与广泛分布。杭州的商业活动高度发达，形成"诸行百市"的壮观景象。从和宁门权子外至观桥下的长街两侧，商铺林立，无一家不从事买卖活动，显示出商业活动空间上的广泛覆盖与密集分布。这种繁荣的商业氛围渗透到城市的每一寸土地，反映出南宋城市规划对商业活动的重视与包容。

其三，行业细分与专业市场。杭州市场的一大特色在于其行业划分的精细与专业化。"行分最多"表明各类行业市场高度细分，诸如珠宝、丝绸、木器、陶瓷等各有专门的交易场所。其中，特别提及的"官巷花作"即为一处集中销售高端工艺品、珠宝首饰、女性饰品、高档纺织品及华美服饰的专业市场。这里汇聚了诸如"飞鸾走凤"般的奇异工艺品、"七宝珠翠"等贵重珠宝、精美的"首饰花朵、冠梳"、质地优良的"锦绣罗帛"、饰以金银丝线的"销金衣裙"及绘有精致图案的"描画领抹"等各类商品，充分展示了当时手工业的高超技艺与审美追求。

其四，工艺精湛与创新设计。杭州市场上的商品不仅种类繁多，更以工艺精湛、设计新颖著称。无论是珠宝首饰还是服饰织物，均体现出南宋工匠们的匠心独运与艺术创新。许多商品如前所述的"前所罕有者悉皆有之"，表明杭州市场的商品不仅满足了市场需求，更引领了当时的消费潮流，反映出南宋社会对生活质量的高要求及对艺术审美的卓越追求。

综上所述，南宋都城杭州以其独特的行都地位、繁荣的商业街区、高度细分的行业市场，以及工艺精湛、设计创新的商品，塑造了一个商业气息浓厚、物华天宝的繁华都市形象，生动诠释了南宋社会经济的高度发展与城市生活的富庶多元。杭州作为南宋经济的晴雨表，其商业繁荣不仅推动了自身的城市发展，也在很大程度上促进了整个南宋社会的经济交流与文化交融。

杭州在中国历史上的确因其独特的地理位置、优越的自然环境及在南宋时期作为首都临安的特殊地位，一度成为中华文化特别是江南文化的重心。南宋时期，杭州吸引了大量文人墨客聚居，朝廷对文学艺术的推崇，营造了良好的文化氛围，促使杭州地区的文化艺术得到了空前的繁荣和发展。这一时期的文学、艺术、哲学、科学等诸多领域中，文学艺术的成果尤为显著，宋词的兴盛、书法绘画的高雅情趣及各类学术思想的交汇碰撞，极大地丰富了中华文化宝库。同时，杭州作为海上丝绸之路的重要节点，其开放包容的政策促进了国际贸易和文化交流，使之成为当时国际上有影响力的都市之一。

三、结论

研究宋韵文化，即探究这一特定历史阶段杭州及整个江南地区在艺术表现、生活美学、城市建设、社会风尚等方面的独特韵味，对于还原历史原貌、传承与发展优秀的传统文化、提升杭州城市文化软实力、打造世界级文化名城具有重要意义。通过发掘、保护和弘扬宋韵文化，杭州能够进一步强化自身作为历史文化名城的形象，并在全球范围内展现其深邃丰富的文化底蕴。对宋代文化的研究有助于深刻理解中国历史文化的演进过程，其在文学、绘画、制度等方面的成就，对今天的文化产业和创新有着启示作用。

宋代文化的繁荣与成就不仅充实了中华文明的内涵，而且为当今文化产业的创新发展奠定了坚实的基础。通过对宋代文化的系统研究，不仅能更好地把握中国传统文化的精髓，更能借此传承和激活那些适用于现代社会的文化基因，有力推进传统文化与现代产业的交融与创新。

第二节
文化数字化的发展背景

一、文化数字化——时代驱动力

"科技改变生活"已经成为一种耳熟能详的标语。数字技术的广泛应用在全球许多行业引发了变革，也使"数字化"企业在市场资本化方面取得了领先地位。

如果说2021年是元宇宙（Metaverse）元年，那么2022年就是国家实施文化数字化战略的元年，这一年，党中央、国务院对实施国家文化数字化战略作出全面部署：中共中央办公厅、国务院办公厅印发《关于推进实施国家文化数字化战略的意见》，对实施国家文化数字化战略的指导思想、工作原则、主要目标、重点任务、保障措施和组织实施作出部署安排；党的二十大把实施国家文化数字化战略作为繁荣发展文化事业和文化产业的重要举措。2023年，中共中央、国务院印发的《数字中国建设整体布局规划》更是强调"推进文化数字化发展，深入实施国家文化数字化战略，建设国家文化大数据体系，形成中华文化数据库"（图1-2-1）。

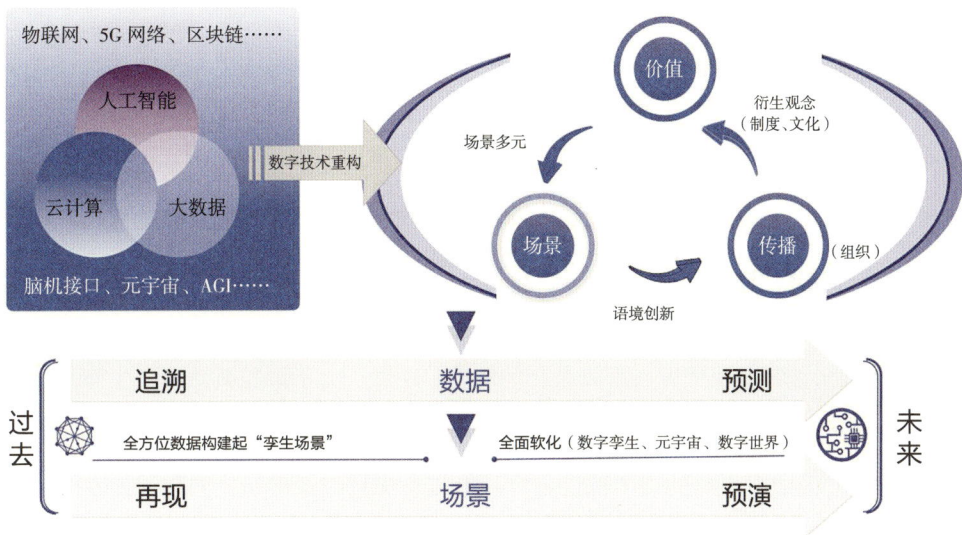

图1-2-1　中华文化数据库数字化

实施国家文化数字化战略规划了文化数字化发展路径，也设置了关键时间节点。重点任务包括关联形成中华文化数据库、夯实文化数字化基础设施、搭建文化数据服务平台、促进文化机构数字化转型升级、发展数字化文化消费新场景、提升公共文化服务数字化水平、加快文化产业数字化布局和构建文化数字化治理体系。一系列战略任务加速了传统文化与数字化的融合，文化研究的开放共融为传承和创新提供了更好的平台支持，传统文化的数字化生成必将迎来百花齐放的年代，宋韵汉服借此契机形成弥散传播。同时，该规划目标是到2035年，建成物理分布、逻辑关联、快速链接、高效搜索、全面共享、重点集成的国家文化大数据体系，中华文化全景呈现，中华文化数字化成果全民共享，促使文化共富迈出重要步伐。

如果说"数字"如同一股潜流，悄然重塑着全球景观，那么在文化设计的疆域里，这股力量无疑已掀起滔天巨浪。自20世纪七八十年代计算机辅助设计与产品生命周期管理系统的问世揭开"数字化"转型的序幕以来，我们或许正见证着一场更为深刻、全面变革的渐进式预演——一场至今仍在不断深化，且其轮廓愈发清晰的革新运动。自20世纪60年代数字化设计工具崭露头角，至今日人工智能技术已广泛应用，智能科技从幕后走到台前，逐步嵌入人类社会的肌理，成为不可或缺的日常，而这也仅是变革序曲的初响（表1-2-1）。

迈进21世纪20年代后期，随着"元宇宙"概念的横空出世，设计行业的天际线再次被改写，揭示了一个超越想象边界的数字天地。元宇宙，这一融合现实与幻想的虚拟维度，不仅重置了人类与数字界面的互动逻辑，也催化了全球范围内数字文化与社交场景的革命性演变。在此波澜壮阔的时代背景下，企业界无不分秒必争，国内外巨头竞相投身元宇宙的版图开拓，力图构筑出前所未有的沉浸式社交舞台。而对于设计师，元宇宙铺开了一张无垠的创意画布，让设计理念跃然于次元之间，以近乎实体的形态展现设计之魂。

对深度学习的研究促使人工智能的触角延伸至各行各业，图像识别、自然语言处理颠覆了行业认知，其普及程度与跨界融合的深度、广度，无不彰显其对经济生态与社会结构的重塑力量，以及与产业链条深度融合所带来的无限潜能与价值（表1-2-2）。未来，随着AIGC等前沿工具的持续精进，设计的边界将进一步模糊，创意与技术的交响曲将奏响一个更加智慧、互联的世界新篇章。

表1-2-1 数字化设计工具进化编年表

时间	技术名称	关键技术	对社会的影响变革	发展程度	革命性产品
1960年初	2D计算机图形学	从手工绘图到2D计算机辅助设计	提高工程设计效率与精度，减少错误	美国率先开发并应用，全球普及	AutoCAD
1980—1990年代	3D计算机图形学	引入三维实体建模和高级渲染功能	革新工业设计、建筑等行业的产品设计流程	欧美引领潮流，亚洲紧随其后	SolidWorks Au-todesk 3D Studio Max（简称3Ds Max）
2000年代初至今	数据驱动管理	建筑设计转变为数据驱动全生命周期管理	推动建筑业信息化革命及绿色可持续设计实施	欧美广泛采用，中国大力推广BIM应用	Autodesk Revit GRAPHISOFT Archicad
2000年代中期至今	云端在线协作	从本地工作流向云端协作转变	加速全球化团队合作与设计迭代速度	国外Figma软件领先，国内腾讯文档、蓝湖等工具快速发展	Figma（2016）

续表

时间	技术名称	关键技术	对社会的影响变革	发展程度	革命性产品
2005年至今	虚拟现实（VR）/增强现实（AR）渲染	利用VR/AR环境进行沉浸式创作	实现建筑设计、游戏开发等领域直观设计体验	国际上Unity平台广泛应用，国内同步加大投入研发	Unity Engine Gravity Sketch
2010年初至今	VR交互	利用VR头盔进行三维空间设计与体验	实现用户在虚拟环境中的直观交互和沉浸式预览，推动建筑设计、游戏开发等领域创新	Facebook（Oculus Rift）、HTC Vive等国际品牌引领市场，国内有PICO跟随并创新发展	Oculus Quest Gravity Sketch
2010年代中期至今	AR交互	结合真实世界与数字信息的叠加设计	提升设计展示效果，便于客户现场预览与实时修改，广泛应用于家居装饰、零售展示等行业	Microsoft HoloLens在全球范围内取得领先地位，国内如亮风台、Rokid等厂商也在积极推动AR技术应用	Microsoft HoloLens IKEA Place
2010年代后期	AI辅助设计	利用AI优化设计过程，生成创新设计方案	推动设计智能化与生产效率提升	全球范围研究应用增长，中国AI技术研发力度加大	Adobe Creative Cloud AI工具 Autodesk Fusion 360的Generative Design
2020年代初至今	AI驱动的元宇宙设计	AI结合VR/AR及区块链技术构建元宇宙场景	改变线上购物体验，实现智能试穿、个性推荐；催生虚拟会展、教育、娱乐新形态	国际上Meta（前Facebook）布局Horizon Worlds，国内阿里巴巴、腾讯等大厂积极探索AI+元宇宙应用场景	Meta的Horizon Worlds Alibaba Cloud Metaverse
近期（截至2024年）	数字孪生（Digital Twin）与元宇宙融合	利用AI生成与管理物理世界的精确虚拟副本	实现远程监控、预测维护及大规模协同设计，对智慧城市、智能制造产生深远影响	全球企业竞相投入研发，中国大力推动工业互联网背景下的数字孪生技术与元宇宙结合应用	Siemens Digital Twin

表1-2-2　深度学习框架研究现状

深度学习框架	开发者	开发国家	开发时间	GitHub Star	功能	特点	受众
TensorFlow	合歌	美国	2015年	160k+	提供了丰富的预训练模型库（如 TensorFlow Hub），用户可以快速搭建卷积神经网络、循环神经网络、生成对抗网络等多种复杂架构 支持分布式计算，通过 tf.distribute.Strategy 等工具实现多 GPU（图形处理器）/TPU（张量处理器）协同训练 除了提供 Python API（应用程序编程接口）外，还提供了 C++ API 及对 Java、Go、R 等多种语言支持	数据流图模型：在 TensorFlow 中，模型以数据流图的形式表达，先定义后执行 高度模块化：拥有大量预先封装好的层、优化器等组件，便于构建复杂的模型结构 强大的硬件兼容性：针对多种硬件平台进行了优化，包括 CPU（中央处理器）、GPU、TPU 等	谷歌、英特尔、ARM、GE 医疗、PayPal、推特、联想、中国移动、WPS 等
PyTorch	Facebook	美国	2017年	50k+	提供了灵活且直观的 API，支持动态图模式，在编写代码时即可实时查看结果 包含丰富的张量计算功能和自动微分机制，方便快速实验和原型设计 具备丰富的预训练模型库，可通过 torchvision、torchaudio、torchtext 等扩展库获得	动态图特性使调试更方便，尤其对新手友好，模块化的代码设计和强大的社区支持使其迅速成为学术界和业界广泛采用的框架之一 良好的 GPU 加速性能，并同样支持分布式训练	Meta、亚马逊、Salesforce、斯坦福大学等

续表

深度学习框架	开发者	开发国家	开发时间	GitHub Star	功能	特点	受众
飞桨（Paddle Paddle）	百度	中国	2016年	15k+	支持端到端的深度学习应用开发，从模型构建、训练到预测、部署一站式解决方案 提供简洁易用的API设计，同时内置了丰富的模型库，涵盖图像识别、自然语言处理等多个领域 支持中文文档与社区，且在国内服务器和运行中具有良好的优化效果	易于入门和使用，适合初学者和企业开发者快速上手。强调高性能和易部署，不仅支持GPU加速，还在移动端和边缘设备上有所优化 在国内深度学习教育和产业落地方面有较强影响力	英特尔、英伟达、浪潮、华为、寒武纪等
昇思（MindSpore）	华为	中国	2019年	6k+	全场景覆盖：支持模型在昇腾（Ascend）、GPU、CPU等多种硬件平台上的训练和推理，尤其针对华为自研的昇腾芯片（HUAWEI Ascend）进行了深度优化，同时通过MindSpore Lite支持移动和嵌入式设备的轻量化部署 自动微分机制：提供了自动微分能力，简化了神经网络的开发过程，让开发者更专注于算法设计而不是烦琐的细节实现 图算融合：采用了独特的"元算子"设计理念，实现了计算图构建与执行的解耦，从而提升运行效率并降低内存开销	高效的跨平台性能，结合了华为云服务生态优势，可适应多种AI应用场景	华为生态系统

二、政策支撑——顶层架构

AIGC行业作为人工智能领域的最新技术进展和发展方向，已经成为全球科技界的焦点，并被视为未来科技发展的关键领域。这一趋势与我国推动创新驱动发展战略相契合，我国在AIGC方面的政策发展显示出对这一技术领域的重视和支持。

（一）国家层面的政策

自2015年以来，多个部门如国家发展改革委、科技部、工信部、教育部等陆续出台了一系列支持、规范和监督人工智能行业的政策，这些政策涵盖了人工智能基础设施建设、技术研发、人才培养与引进、伦理规范和法律规范等方面。2017年7月，国务院发布《新一代人工智能发展规划》，同年12月，工业和信息化部印发《促进新一代人工智能产业发展三年行动计划（2018—2020年）》这些文件旨在推动中国在人工智能理论、技术与应用方面达到世界领先水平。"十四五"规划时期，根据《中华人民共和国国民经济和社会发展第十四个五年规划和2035年远景目标纲要》和《"十四五"数字经济发展规划》，人工智能要继续进行研发突破和迭代应用，深化应用端多场景渗透。

（二）省市层面的政策

各主要省市如北京、上海、广东、浙江等根据国家政策，制定了促进AI行业发展的支持性政策，这些政策与国家层面的"三步走"战略相符合，政策旨在推动各省市在人工智能行业的发展。作为浙江省的主要城市之一，杭州市在人工智能产业的发展上表现出积极态度。杭州市政府发布的《杭州市人民政府办公厅关于加快推进人工智能产业创新发展的实施意见》提出，到2025年，杭州计划基本形成"高算力＋强算法＋大数据"的产业生态，从而实现大算力孵化大模型、大模型带动大产业、大产业促进大发展的良性循环。此举旨在将杭州打造成全国算力成本洼地、模型输出源地、数据共享高地，从而为"两个先行"（中国特色社会主义共同富裕先行和省城现代化先行）提供有力支撑，推进杭州成为高水平的全国数字经济第一城。

（三）数据安全和监管方面的政策

数据安全和隐私保护被视为AIGC发展的前提和关键。2023年，国家互联网信息办公室就《生成式人工智能服务管理暂行办法》突出了从数据合规和数据治理角度来实现监管的目标，这对企业的数据治理水平和数据合规体系的建设提出了更高的要求。这是生成式人工智能领域的首份监管文件，其发布是《中华人民共和国网络安全法》等上位法在生成式人工智能领域的具体落实，有利于产业的健康发展和规范应用。

这些政策和发展规划体现了中国在 AIGC 领域的积极态度和战略规划，旨在推动人工智能技术的发展和应用的落地，同时确保数据安全和合规性。

三、AIGC——驱动万物智能的技术革命

AIGC 技术展现了其惊人的革新效率，为设计领域带来了更高效的设计流程。AIGC 是通用人工智能（Artificial General Intelligence，AGI）发展的重要里程碑。AGI 指的是拥有与人类智能水平相媲美的综合性智能的人工智能系统。与狭义人工智能（Artificial Narrow Intelligence，ANI）不同，狭义人工智能是专门设计用于执行特定任务的智能系统，而AGI 则具备像人类一样广泛的认知能力，可以在各种不同的任务和领域中执行智能活动。

2022 年 11 月上线的 AIGC 应用 ChatGPT，凭借其在语义理解、文本创作、代码编写、逻辑推理、知识问答等领域的卓越表现，以及自然语言对话的低门槛交互方式，迅速获得大量用户，于 2023 年 1 月突破 1 亿每月活跃用户，打破消费级应用的增速纪录。根据第 50 次《中国互联网络发展状况统计报告》，截至 2022 年 6 月，中国互联网普及率已高达 74.4%。[1] 在网民规模持续提升、网络接入环境日益多元、企业数字化进程不断加速的宏观环境下，AIGC 技术作为新型内容生产方式，有望渗透人类生产生活，为千行百业带来颠覆变革，开辟人类生产交互新纪元。

2022 年，在位于美国科罗拉多州的艺术博览会上，一幅名为《太空歌剧院》的数字艺术作品在数字艺术类别的比赛中脱颖而出，成功夺得冠军（图 1-2-2）。这幅作品的独特之处在于，它并非由传统的艺术家亲手创作，而是由游戏设计师杰森·艾伦（Jason Allen）利用 AI 绘图工具 Midjourney 制作而成，引起了广泛关注和热议。这一事件凸显了 AI 在艺术创作领域的潜力，同时也引发了对数字艺术、AI 创作工具及人工智能在艺术领域的影响的讨论。

---

[1] 李政葳. 第 50 次《中国互联网络发展状况统计报告》发布［N］. 光明日报，2022-09-01（10）.

图1-2-2　Jason Allen获奖作品《太空歌剧院》

很显然AGI引发了新一轮数字技术竞争格局重构，从这个意义上讲，大模型代表的不是一个技术，而是开启了新的智能时代。自OpenAI发布ChatGPT后，在短短的一年里，国内的GPT类产品如雨后春笋般问世。在可预见的未来，经过一系列训练的AI可以包揽人类大部分基础工作，将人类从烦琐的基础劳动中解放出来，使之更好地将思维投射到高阶设计中。可以说，这不仅仅是一场科技革命，更是生活方式的颠覆。

在当代AIGC领域内，构建一个专注于宋韵文化的垂直类生成预训练模型具有显著的学术和文化价值。从历史文化传承的视角来看，这种模型能够有效地桥接过去与现在，为宋代丰富的文化遗产和艺术成就提供一个现代化的解读和传播平台。这不仅有助于增强公众对宋代文化艺术的认知度，而且能够在全球化背景下促进公众对中国传统文化的深入了解和欣赏。同时，专注于宋韵文化的生成预训练模型可以深化我们对历史文化数据的理解。通过对大量历史文献和艺术作品的深度学习和分析，这种模型能够揭示宋代文化的发展趋势和内在模式，为历史文化研究提供新的视角和方法。在教育和学术研究方面，这样的模型是一个宝贵的资源。它可以作为一个综合性的知识库，提供从宋代文献、诗词、书画到哲学思想的广泛信息，为学者和学生提供深入研究宋代文化艺术的工具。通过精确的历史数据和文化分析，该模型可以促进跨学科研究的深入，从而开辟新的学术视角和研究领域。此外，考虑到文化创新与融合的重要性，这一模型在激发创意和推动文化产品创新方面的潜力不容小觑。它能够为艺术家和创作者提供一个独特的、基于宋代文化元素的创作环境，从而促进新艺术形式和文化产品的产生，深化古代文化与现代表达方式之间的对话。

在全球化的大背景下，作为一种有力的国际文化交流工具，此类模型承载了巨大的价值潜力。它通过深入挖掘并呈现宋韵文化的丰富内涵与特色，不仅提供翔实的文化信息，还创新性地打造互动体验，从而成为中国传统文化对外交流的关键载体。它有助于拓宽国际社会对中国传统文化的认知视野，增进对其深层次的理解，并进一步激发起尊重和欣赏之情。

总体而言，构建一个针对宋韵文化的垂直类生成预训练模型，不仅是技术创新与文化传承的结合，也是在全球化和数字时代背景下推动文化多样性和学术研究深度的重要举措。

四、技术变革——时代的回音

（一）市场现状与典型产品

随着人工智能技术的飞速进步，图像生成产品的市场已进入高度成熟阶段，图像生成技术已广泛应用于多个行业，包括艺术创作、广告设计、游戏开发、影视制作、电子商务、教育培训等，其市场渗透率逐年攀升，反映出用户对自动化视觉内容生成工具的需求日益增长。

深度学习尤其是生成对抗网络（GANs）、变分自编码器（VAEs）、Transformers等先进模型成为主流技术基础，推动图像生成产品在分辨率、细节丰富度、逼真度、多样性等方面取得重大突破。这些产品能够生成高清、风格多元、响应快速的图像，满足用户对高质量视觉内容的期待。

截至目前，市面上比较成熟的图像生成产品有Midjourney和Stable Diffusion等。以Midjourney为例，作为图像生成领域的领军产品之一，Midjourney以其快速的发展与持续的迭代更新在市场中脱颖而出，问世两年来已经发布了八个版本，图像生成能力、文化理解能力、图像精度、细节、清晰度等各方面都取得了飞速的进展，展现了远超普通人类的学习迭代能力。AGI的目标是拥有类似人类的学习、理解、推理、解决问题和适应新环境的能力。这种智能系统不仅能够在特定领域表现卓越，还能够像人类一样适应各种任务和环境，具有高度的通用性。

（二）AI技术的双面影响

面对AI强大的学习能力，部分艺术从业者悲观地表示：十年寒窗苦不再有价值，当艺术创作这样的领域都难以逃脱被自动化技术渗透的命运时，其他各类职业技能岗位同样可能面临被取代的风险。在未来，人类将不得不思考自身能够扮演何种角色及从事何种职业，这种自问是人类进步路上必然会遇到的迷茫，也是历史长河中每一次生产力进步的时代之问。因此应作出符合中国实际和时代要求的正确回答、得出符合客观规律的科学认识、形成与时俱进的理论成果对社会发展至关重要。

1. 艺术从业者的担忧与职业前景反思

（1）技术替代与创作价值质疑

AI图像生成工具，凭借高效、多样、高质的创作能力，使原本需要艺术家耗费大量时间和技艺完成的作品能在短时间内由机器生成。这种现象引发了艺术从业者对于自身工作被技术替代的担忧。他们担心大众审美可能转向AI作品，导致传统艺术创作的价值被低估，市场需求减少，从而影响到他们的就业机会和经济收入。

（2）重新定义"原创"与"艺术性"

站在历史的长河中回望，我们不难发现钟表的发明让清晨的街头巷尾再也没有了打更人的身影，蒸汽机的发明让无数工人的黄包车沦为废品。面对AI的挑战，艺术从业者开始反思何为真正的"原创"和"艺术性"。他们认识到，尽管AI可以模拟各种风格、技巧甚至情感表达，但艺术创作的核心——人类的主观意识、情感体验、文化积淀和哲学思考——目前尚无法被完全复制。因此，艺术从业者需要强调并凸显自身作品中蕴含的独特视角、深度内涵和个体情感，以此区别于机器生成的艺术品，巩固和提升自身的市场地位。

2. 科技进步与人类角色定位探讨

AI技术可以被视为人类有力的辅助工具。它能快速生成草图、概念设计，帮助艺术家探索更多创作可能性，节省烦琐的手工劳动，使他们有更多精力专注于构思、创新和艺术理念的传达。艺术教育、修复、鉴定等领域也可借助AI提高效率和准确性。

（1）人类创造力与情感共鸣的独特性

科技进步并未改变人类在艺术创作中无可替代的角色。AI虽然能模拟技巧和形式，但无法完全复制人类的情感深度、生活经验、社会洞察力及对美的独特感知。人类艺术家能够创造出触动人心、引发共鸣的作品，这是目前AI所无法企及的。因此，人类在艺术创作中的核心地位不会被取代，反而可能因科技的推动而更加凸显其独特价值。

（2）新的艺术形式与跨学科融合

AI技术的发展还催生了全新的艺术形式，如数字艺术、互动艺术、生成艺术等，为艺术界注入了活力。这要求艺术从业者具备跨学科知识，能够驾驭新技术，将其融入创作实践，开拓艺术表现的新疆界。在此过程中，人类不仅是艺术的创造者，也是科技与艺术深度融合的推动者和诠释者。

总的来说，AI技术对艺术行业的影响是双面的，既带来挑战也孕育机遇。艺术从业者在担忧技术冲击的同时，应积极反思并调整职业策略，强调人类艺术创作的独特价值，主动适应科技发展并参与新的艺术生态构建。同时，社会应深入探讨科技进步背景下人类角色的定位，既要利用科技提升艺术创作与传播的效率，也要坚守人类情感表达与文化传承的核心地位。正如历史中的每一次科技变革都会带来对传统价值的冲击，人们也在适应和超越中寻找着新的机遇。科技的进步并非人类发展的终结，而是不断推动人类走向新的高度。我们或许可以在这个时刻思考：我们是否可以成为时代的掌舵人？

（三）应用AI技术面临的挑战

AI技术的效率确实令人惊叹，它在数据处理、分析及创新设计等方面展现出了超乎想象的能力。然而，AI强大的学习和模仿能力主要是基于数据驱动的模式学习，对于"文化"这一复杂、主观且充满历史积淀的概念，AI的理解往往是表面化的、碎片化的。具体到"中国传统文化"这样类型的指令，由于AI模型无法完全理解和体会文化背后的历史脉络、哲学思想及情感共鸣，其生成的内容可能缺乏深层次的文化一致性与准确性。例如，在创作诗词、绘画或设计中，虽然可以模拟形式上的规则和元素，但很难捕捉到那种源于长期社会生活和精神积累的独特韵味和意境。其可能的原因主要有以下三方面。

第一，数据偏差。AIGC模型的训练依赖于海量的网络图片和文本资源，然而这些数据集可能存在地域、文化及时代层面的不均衡分布。当某一特定文化或历史时期的素材在数据集中占据主导地位，而其他文化元素或时期的数据相对匮乏时，模型在生成与该文化相关的图像或内容时，容易加深对既有刻板印象的再现，并可能由于信息不全面而错误地将不同文化元素混杂在一起。进一步来说，如果训练数据中的文化解读本身就存在不准确之处，或者未能充分关联文化的深层引申含义，那么AIGC模型在创作中国文化相关的内容时，很可能出现表达上的失准现象。因此，为应对这一挑战，关键在于确保用于训练模型的数据集具备多样性和代表性，这样才能更有效地捕捉中华文化的复杂性与独特性，避免文化表达的混乱与扭曲。

第二，语义理解局限性。尽管AI模型对语言的理解能力不断提升，但在处理复杂的人类文化概念、隐喻、象征及微妙的社会语境时仍存在局限，模型无法准确理解提示词背后的深层次文化含义，从而导致生成的图像与真实文化表达产生偏离。AI模型虽然能模仿和学习大量人类创作，展现出一定的再创造能力，但在本质上缺乏真正意义上的创新思考和独立的文化判断力。在生成新内容时，无法按照人类社会既定的文化逻辑来合理组合元素，从而造成文化表述上的混乱。因此，为提高AIGC在中华文化表达中的准确性，需要进一步深化模型对文化语境的理解，以确保生成内容符合文化元素的正确语境。

第三，模型训练不足。模型在处理中华文化方面训练不足，无法准确理解和表达中国文化的特征，容易混淆或曲解文化元素。解决这一问题需要加强对AIGC模型的中华文化训练，以确保其在生成内容时具备更为准确的文化敏感性。

为解决AIGC产品在文化表达时出现的混乱问题，我们需要更加审慎地评估和改进AI算法的设计与训练方法，尤其是在涉及文化传承与创新的领域，应当考虑引入更多的专家知识指导，以及对输出内容进行审核和校正，以确保其能更准确地反映和传达特定文化的精髓。同时，这也提示我们在推进人工智能发展的同时，应充分认识并尊重人类文化遗产的不可替代性和独特价值。

由此，为将"文化语境"这一概念更好地应用在AIGC大模型中，本书依据文化模因理论❶，采用层次分析法、扎根理论等多种跨学科研究方法，集中探究宋韵文化的基因传承及其设计转化应用。系统地挖掘并整理宋韵文化的核心要素，构建起具有代表性的宋韵文化基因图谱，并提炼出关键的设计因子。最终目的是开辟新的路径以传承和传播宋韵文化，将这些文化基因有效应用于包括但不限于服装设计、纺织产品在内的各类文化创意产品设计实践中，验证其实际可行性和功能有效性。

---

❶ 模因理论由英国生物学家理查德·道金斯在1976年的著作《自私的基因》中首次提出。这一理论将文化传播中的思想、习俗、语言等视为类似生物基因的信息单位——模因。模因通过传播、模仿，在文化中得以保存和扩散。该理论认为，模因的生存和传播不一定依赖于它们对人类的利益，而取决于它们在社会文化环境中的适应能力和传播效率。模因理论为理解文化演化提供了一种基于生物学原理的新视角。

第二章

交织的传承之网：宋韵汉服的文化底蕴

本章运用扎根理论、文化基因剖析体系等理论，对宋韵文化进行了系统且深入的理论拆解，揭示了其中蕴含的丰富文化意蕴与核心价值。通过对宋韵汉服的起源脉络、独特文化标识及其在当今社会多元文化表现形态的详尽梳理，本章力求构建一个完整而立体的宋韵汉服文化架构模型，立足于历史积淀的深厚土壤，通过文献考证、实物分析及文化现象的深度解读，揭示宋韵汉服所承载的历史脉络、审美取向和社会价值观，深度挖掘宋韵文化在现代背景下的承继演变历程及其内在逻辑。探究如何巧妙借助 AIGC 技术这一创新工具，实现传统文化向现代语境的有效转换与诠释，"传承历史，守正出新"，注重在尊重和保护文化遗产的同时，赋予其符合现代社会语境的新内涵，从而实现文化共富的目标。通过对宋韵汉服的精耕细作，力求探索一条既能保留传统文化根基又能适应时代变迁的文化传承与发展路径，助力中华文化在全球化视野下的繁荣与共享，彰显中华民族独特的精神标识与文化自信。

第一节
宋韵文化的研究理念、方法与过程

《中共浙江省委关于加快推进新时代文化浙江工程的意见》为宋韵文化研究树立了指导原则："跳出南宋看南宋、跳出浙江看南宋"，从思想、制度、经济、社会、百姓生活、文学艺术、建筑、宗教等方面全面立体研究阐述宋韵文化，准确把握其文化精髓、历史意义和时代价值，组织提炼"宋韵"的核心特征。

在对宋韵文化，尤其是在汉服的投射领域的研析过程中，我们尤为强调并亟待深化的，乃是对文化语境的精微把握与透彻理解。对于这一独特文化现象的剖析，绝非仅止于对其服饰形制与美学特征的表面探寻，而是务必潜心探入其在宋代社会与文化经纬中所承载的深远意义与功能定位。这意味着我们需要超越衣物本身，全方位审视其在当时社会生活、文学艺术乃至日常实践中扮演的角色，以及其背后蕴含的丰富文化和思想底蕴。

一、研究理念

（一）传承历史，守正创新

确立和坚持马克思主义在意识形态领域指导地位的根本制度，坚持和发展马克思主义同中华优秀传统文化相结合，是重要原则也是战略选择。中华优秀传统文化历经数千年积淀，其内在的价值观和哲学思想，如崇尚天下为公、倡导德治革新、追求天人和谐、弘扬自强不息的精神品质、推崇诚信友善的社会伦理及和睦相处的国际关系理念等，这些都构成了中华民族独特的精神标识和价值体系，并且与科学社会主义所倡导的平等、公正、进步、和谐的价值主张有着深刻的内在共鸣。中国共产党在推进马克思主义基本原理同中华优秀传统文化相结合的过程中，始终坚持历史和文化的自觉自信，积极借鉴和吸取传统文化中的合理内核，同时与时俱进，将这些宝贵的精神财富创造性转化、创新性发展，使之与现代社会发展和人民群众的生活实践紧密结合。这种结合有利于构建和发展更加符合中国实际、反映时代特征、满足人民期待的科学理论体系，从而有力地推动马克思主义中国化和时代化进程，也为中国特色社会主义现代化建设和中华民族伟大复兴提供强大的理论支撑和文化动力。通过这样的结合，马克思主义在中国深入人心，成为引领国家前进和社会进步的强大思想武器。

因此，在宋韵文化研究中应当融合社会主义核心价值观引领和公民文明素质提升工程，构建合理的、科学的宋韵文化模因矩阵。

千年前，宋代的理学家们对当时的社会生活持有深刻的见解和务实的态度。以朱熹为例，作为宋代理学体系的集大成者，他对于当时的服饰风尚，并没有倡导回归古代的服饰制度，而是提出了与众不同的理念——朱熹强调衣冠应当追求"舒适"与"简约"，认为若不具备这两点特质，则服装款式自然会在时代发展中被淘汰出局。《朱子语类》中《卷八十九·礼六·冠昏丧·丧》记载：

某尝谓，衣冠本以便身，古人亦未必一一有义。又是逐时增添，名物愈繁。若要可行，须是酌古之制，去其重复，使之简易，然后可。

《卷八十四·礼一·论考礼纲领》又言及：

然居今而欲行古礼，亦恐情文不相称，不若只就今人所行礼中删修，令有节文、制数、等威足矣。

以上论述反映了朱熹对于服饰制度（"衣冠"）以及礼仪规范（"礼"）的一种务实

而改革的态度，主要包含以下三方面内容和观点：

第一，服饰的功能性本质与历史演变。朱熹认为，服饰的最初目的是方便身体（"本以便身"），并非自古以来每一个细节都蕴含特定的象征意义或道德教化作用。也就是说，古人穿着的衣物并非全都具有深远的文化或道德寓意，而是随着社会的发展和人们生活需求的变化逐渐增添和演化的。这表明朱熹认识到服饰制度具有一定的历史动态性和功能性实用性。

第二，名物繁复与简化需求。朱熹指出，随着时间推移，服饰制度变得越来越复杂，名物（指服饰的各种具体类别、样式、装饰等）日益繁多。这种繁复不仅可能背离了服饰最初的实用目的，也可能给日常生活和社会管理带来不必要的困扰。因此，他主张应当对现有的服饰制度"酌古之制，去其重复"，即借鉴古代服饰制度中的合理之处，同时去除那些冗余、重复的部分，力求使其简约化，更符合实际需求。

第三，礼仪的时宜性与改良原则。对于礼仪规范，朱熹同样表现出关注其现实适用性和操作性的态度。他认为，在当今社会强行推行古代礼仪可能会因为时代背景、社会习俗、人们心理状态等差异，导致"情文不相称"，即礼仪的形式与人们的真实情感、行为习惯不协调。因此，他建议"只就今人所行礼中删修"，即在当代实际施行的礼仪基础上进行删减、修正，保留并强化其中体现秩序、等级（"节文、制数、等威"）的核心元素，使之既能符合现代社会的实际情境，又能起到维护社会秩序、体现尊卑关系的作用。

这种观念体现了儒家文化中"因时制宜""经权之道"的智慧，旨在寻求传统文化与现实生活的最佳契合点，确保礼制与服饰制度既能保持其社会功能，又能与时俱进，服务于社会和谐与秩序的维持。

因此，在建设文化模因库的时候，首先，需要全面搜集和整理宋代时期的文献资料和信息数据，深入文献研究至关重要。这包括对历史文献、艺术作品、哲学著作等进行深入分析，以确保获取宋韵文化元素的完整性和准确性。正如宋史研究老前辈邓广铭先生在1992年北京的国际宋史研讨会开幕词中指出的那样：对宋史研究为求能够全面地、正确地、深入透彻地予以剖析、说明并作出公正的评价，这就需要运用多种视角、多种尺度、多种思想方法和研究方式来进行研究、进行观察、进行探索。[1]

---

[1] 邓广铭，漆侠. 国际宋史研讨会论文选集［C］. 保定：河北大学出版社，1992：3.

其次，在此基础上，甄别和筛选那些与当今社会主义核心价值观相契合的宋韵文化要素，这有助于激活传统与现代之间的对话，强化传统文化的时代价值。

再次，模因识别。学者们特别关注那些在宋代文化中极具代表性且易于传播的文化基因，比如特定的诗词格律、书法笔法、园林布局的艺术手法、儒释道三家交融的哲学思想等。这些文化模因构成了宋韵文化的独特标识，是其跨越时空得以延续的核心部分。同时，为科学地分析和评价这些模因的传播力量和社会影响力，研究者运用模因理论的框架，将宋韵文化中的模因划分为强势模因和弱势模因❶。其中，强势模因体现在经久不衰的审美趋势、普遍接受的价值观念或者历久弥新的生活方式等方面；而弱势模因则是一些相对小众的审美习惯、地域性较强的习俗或是随着时间推移逐渐淡化的影响因子。

最后，构建模因强度评估矩阵。可以通过量化指标来衡量各个模因的历史影响力（如在历史长河中的存在时间和覆盖范围）、现代适应性（能否适应现代社会的生活方式和审美取向）、价值观传播力（是否能有效传达符合社会主义核心价值观的理念）等多个维度。立体地展现宋韵文化中各种模因的地位和功能，进而为在当代社会中激活和发扬宋韵文化精华，使其更好地服务于现代社会和人民群众的文化需求提供策略指导。同时，这样的分析也有助于揭示宋韵文化在历史变迁中演进的内在规律和动力机制。

（二）格物致知，文化共富

"格物致知"一词出自《礼记·大学》，在儒家经典中占有极其重要的地位。同时也是宋代程朱理学传世的重要思想。孝宗即位，语求直言，朱子上封事说："帝王之学，必先格物致知，以极夫事物之变，使义理所存，丝悉毕照，则自然意诚心正，而可以应天下之务。"❷强调通过深入观察事物的变化，理解事物的本质，从而使理念和义理得以保存。通过对事物的深入研究，可以达到心灵诚实和正直，从而更好地应对天下之务。

---

❶ 在模因理论中，强势模因和弱势模因取决于它们在文化中的传播力、持久性、适应性和影响力。强势模因往往是文化传承和创新的关键因素，而弱势模因则可能是文化多样性和深层次变化的反映。强势模因在文化中迅速传播，具有较高的持久性和适应性，对人们的行为和思维有显著影响。相反，弱势模因在文化中传播较慢，易受环境变化影响，适应性和影响力较低。通过这些特征和要素，可以对文化中的不同模因进行辨识和分类。这种分类有助于理解文化传承和变迁的动态过程。

❷ 黄宗羲. 宋元学案［M］. 全祖望，补修；陈金生，梁运华，点校. 北京：中华书局，1986：1496.

两宋继承发扬了汉唐以来的全球主义精神，秉持以理性经济认知为基石，积极推动对外交流自由畅通，并通过繁荣海外贸易构建开放包容的国际网络。这一时期，中国不仅主动融入世界，积极接纳并汲取其他文明的精华，更以此推动国家、民族、社会及文化层面的全方位发展，从而成就了中华文化的一段辉煌进取篇章。

当前，我们亦在全面建成社会主义现代化强国和追求中华民族伟大复兴的道路上，须坚持改革开放这一时代精神的核心地位，全面理解和把握世界百年未有之大变局与中华民族伟大复兴战略全局相互交织的时代背景。我们应以更加开阔且多元包容的文化心态面向全球，同时坚守泱泱中华五千年积淀的深厚文化底蕴与民族自信。

在全球文化交流日益频繁、意识形态领域交锋日趋激烈的当下，我们应开阔胸襟，坚定文化自信，提高应对各种复杂局面的能力，广泛吸取不同文明中的优秀成果，携手各国共同构建人类命运共同体。在推动社会主义文化繁荣发展的进程中，面对国内多元的利益格局、多样的观念形态和多元的价值诉求，必须坚定不移地弘扬社会主义核心价值观，深度挖掘和传承中华优秀传统文化，同时吸收当代社会文化创新的积极因素，鼓励深入思考与思想碰撞，激发文化的活力与创造力，致力于打造内涵丰富、底蕴深厚的社会主义文化强国，在中华文明的发展历程中镌刻下属于我们这个时代的光辉印记。

共同富裕作为社会主义的本质要求，昭示了人类文明新形态的价值追求。实现全民精神繁荣，是中国特色社会主义文化发展道路上的一个关键目标。中国共产党自成立以来，既领导和贯彻先进文化，又忠实地保存和弘扬中华优秀传统文化。在迈向共同富裕的征程中，突出共享精神财富的文化方面并增强其潜力至关重要。这既要认识共享文化财富的本质，用先进的社会主义文化丰富人们的精神生活，又要增强文化意识和信心，筑牢思想基础。为拥抱这种文化的历史丰富性，以现代精神复兴传统文化活力、促进团结至关重要。此外，满足当前需求和公众需求，创造性地将传统文化转化为现代相关性，并加强公众文化参与，亦对持续丰富文化至关重要。

在封建王朝数千年的岁月里，知识的传播与积累受限于物质载体和阶级壁垒。在古代中国，竹简作为主要的知识记录工具，其制作烦琐且容量有限，使珍贵的知识被束缚于庙堂之高，成为皇权贵族专享的精神财富。每一卷竹简背后都凝聚了先贤的智慧与心血，它们无法广泛流传至民间，导致知识传播范围狭窄，社会整体教育水平提升缓慢。

直至宋代，"与士大夫共天下"的太祖修史立典，仁宗时期，毕昇成功发明了活字印刷术，这一革命性的技术替代了传统的雕版印刷方式，极大地提高了书籍的制作效率与灵活性，降低了知识传播的成本，使更多典籍能够被快速复制和广泛流传。活字印刷术的诞生无疑是印刷史上的一座里程碑，它对宋代以至整个世界的文化传播和教育普及产生了深远的影响，使宋代在文化和科技上取得了前所未有的成就，被誉为中国的"文艺复兴"时期。

历史的车轮滚滚向前，随着互联网科技的飞速进步，知识的形式与传播方式经历了前所未有的革命性变化。如今，知识已从沉重而稀缺的实体形态转化为轻盈且无限延伸的数字化存在——以1和0的二进制语言在网络世界中自由流淌。这一转变使知识跨越了地域、阶层的壁垒，真正走进了寻常百姓家，极大地推动了全民教育水平的提升和社会公平化进程。

互联网犹如一个无边无际的知识海洋，将古今中外、各行各业的信息汇聚一堂，任何接入网络的人，无论身处何方，只要有求知之心，都能随时随地获取丰富的学习资源。昔日深藏于皇宫书阁的经史子集，现在只需轻点鼠标或触屏，即可尽览其中奥秘。可以说，知识已经真正实现了从庙堂之高的专属品成为普惠大众、推动社会进步的重要力量。这一变化不仅极大提高了人类社会的整体知识水平，也促进了公平公正的学习环境形成，为全人类共享知识、共创未来奠定了坚实的基础。

时光流转至今日，AIGC技术的发展更是将这一趋势推向新的高度。通过智能化手段，知识能够实现大规模个性化定制和精准推送，每个用户都能获得符合自身需求和兴趣的知识内容。这种"因材施教"的理念，在千年前由孔子提出，而在今天借助先进技术得以在更大范围、更深层次上实践。这意味着，无论是在文化共享层面，还是在知识定制化服务方面，我们都有能力实现更高的目标，让每个人都能根据自己的特点和需求得到充分的学习和发展机会，从而实现知识普惠和文化的共同繁荣。

当前阶段，在推动宋韵文化遗产的保护与传承过程中，一个重要的策略是深度解读宋韵所蕴含的民族文化基因、艺术审美特征及时代人文精神并作出新颖诠释，通过构建跨界融合的设计与开发框架，将抽象的文化内涵物化为具体可感知的文旅产品和服务。这一转化过程旨在借助文旅产业的桥梁作用，不仅能够激活历史文化的现代生命力，使之在经济效益上产生价值，同时也能促进宋韵文化的内涵更新和在表现形式上的创新突破，确保其在现代社会中实现创造性的发展和转化（图2-1-1）。

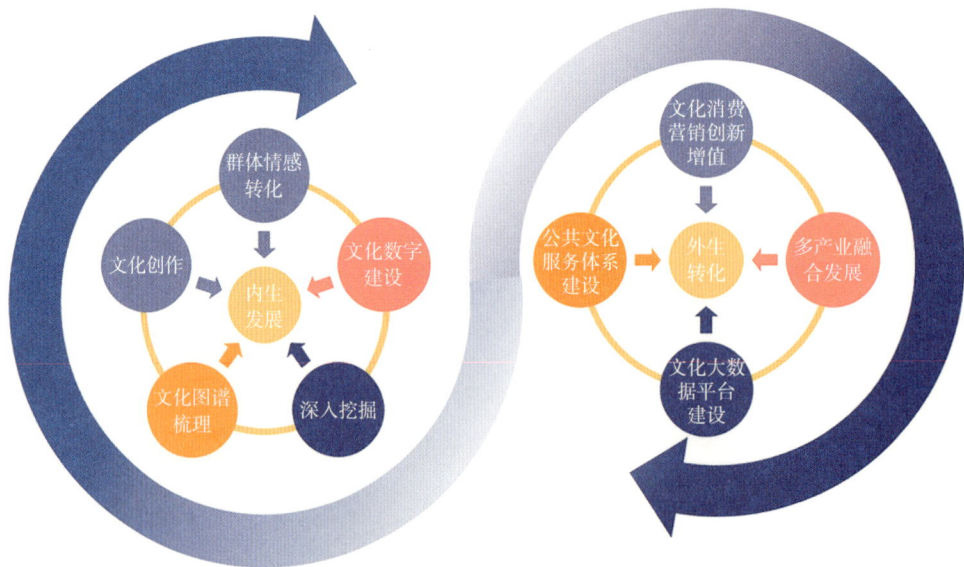

图2-1-1　文化数字化建设全景构想

数字化整理和展示丰富多元的文化资源，可推动文化产业蓬勃发展，使文化体验更为立体，提升文化传承的效率，激发文化创新的活力。全民共享的数字平台降低了获取文化知识的门槛，有助于文化教育的平等，使文化价值更为彰显。这一政策引领文化在数字时代为全社会共同拥有和分享，实现文化共富的目标，为中华文化的传承和创新注入新的生机。

（三）文化自信，创造高峰

浙江，这片古老而富饶的土地，自古以来便是中华文明的重要发源地与璀璨的文化瑰宝之所在。其深厚的历史底蕴与丰富的文化遗产，不仅彰显了中华民族辉煌灿烂的历史，更孕育出了一种独特的文化自信，这种文化自信深深植根于浙江人民的心中，代代相传，历久弥新。

回溯历史长河，浙江文化的历史脉络清晰可见。良渚文化的发掘与研究，是中华五千年文明史深厚积淀的实证，其独特的玉器工艺、城市规划与社会结构，无不昭示着史前浙江地区的高度文明与繁荣。南宋时期，杭州作为政治、经济、文化中心，更是推动了宋韵文化的蓬勃发展。诗词歌赋、书画艺术、音乐戏曲等文化形式在此时期达到了前所未有的高度，不仅丰富了中华民族的文化宝库，也为后世的文化传承与创新提供了宝贵的资源。

明清以降，浙江在全国的经济与文化版图中占据了举足轻重的地位。其繁荣的经济与灿烂的文化交相辉映，共同铸就了浙江在全国乃至全球文化领域中的卓越地位。这种地位不仅体现在对传统文化的继承与弘扬上，更体现在对现代文化的创新与发展上。

正是基于这种深厚的文化自信，浙江省委高瞻远瞩地提出了赓续中华文脉的时代使命。文化自信是民族自信的重要根基，也是推动文化创新与发展的不竭动力。因此，有必要从厚重的文化传承中汲取智慧与力量，进一步彰显浙江文化在中华文化版图中的独特价值与魅力。

同时，传统服饰作为其文化的重要组成部分，不仅承载着丰富的历史文化内涵，更以其精湛的工艺与独特的审美观念，成为中华民族传统服饰文化的璀璨明珠。在当今时代，应以更加学术化的视角去审视和研究这些传统服饰，深入挖掘其背后的历史文化内涵与审美价值，为现代服饰设计提供灵感与借鉴。

展望未来，应当继续传承和发扬浙江优秀的传统文化，坚定文化自信，推动文化创新。通过加强学术研究与教育宣传，让更多的人了解和喜爱浙江的文化遗产。同时，也应当以开放包容的心态，吸纳世界各地的优秀文化元素并与浙江传统文化相结合，创造出更多具有时代特色、彰显中华民族文化自信的文化产品。只有这样，才能让浙江文化在世界文化舞台上绽放更加璀璨的光芒，为中华民族伟大复兴贡献自己的力量。

二、研究方法

（一）文化模因研究法

本书的研究旨趣，与其简单视作对宋代服饰样式的孤立解读，不如视为一种通过服饰这一具象载体，对宋韵文化进行深度模因解码与生动再现的过程。为实现语义因子与宋韵精神的无缝交融，本书将在深入探讨宋代服饰作为文化模因的研究架构中，系统梳理并着重关注以下四个核心层次的内容。

1. 文化语境理解

探索宋代汉服作为文化模因在当时社会和文化背景中的角色和意义。这包括它在社会等级、身份认同和文化传播中的作用，宋代服饰制度严格遵循儒家的礼仪等级观念，不同官阶、身份的人群穿着特定的服饰，如朝服、公服、祭服等，通过服饰的颜色、纹饰、材质及配饰等差异，清晰地划分了社会等级。这种通过服饰识别身份的做法成为当时社会秩序维护的重要手段，并通过世代相传的方式形成文化模因，深入人心。

2. 形制与美学分析

研究汉服的设计、风格、色彩等美学特征，了解这些特征如何反映宋代的审美观念和文化价值，宋代服饰的形制设计趋向简洁大方，崇尚自然雅致，体现出当时文人士大夫阶层推崇的含蓄内敛之美。颜色的选择偏向淡雅，质地则注重舒适与实用，反映了宋代美学中重意境、尚清逸的特点。这种美学观通过服饰的流传，成为文化模因的一部分，在社会各个层面得以复制和传播。

3. 社会生活与文学艺术的联系

分析汉服在宋代日常生活、文学作品和艺术表现中的呈现，探讨其如何影响和被当时的社会习俗、文学创作影响。宋代服饰不仅是日常生活中的必需品，也是文学艺术创作的重要素材。在诗词、绘画、戏剧及小说等文艺作品中，人物形象的描绘往往离不开对服饰的精描细刻，通过这些作品，后世可以直观感受宋韵文化的细腻之处。在日常生活中，服饰亦承载着节日庆典、婚嫁习俗等各种场合的意义，进一步增强了其作为文化模因的影响力。

4. 文化思想观念的影响

研究宋代的哲学和思想如何影响汉服文化，以及汉服如何作为一个文化模因传播这些思想和观念。宋代理学的兴起，对服饰文化产生了深远影响。例如，理学强调道德伦理，主张去奢从简，这一思想渗透到服饰设计中，使宋代服饰倾向于朴素而不失高雅。同时，服饰作为视觉符号，传递着诸如和谐、平衡、中庸等哲学观念，通过穿戴者的行动与言语，这些抽象的思想观念具象化，实现了文化模因的广泛传播。

整个研究结构围绕"文化信息如何被模仿、传播和演变"的核心概念来构建，从而全面解读宋韵汉服文化的深层次内涵和传播机制。因此，在文献资料整理阶段，使用模因理论的分类方法对宋韵文化元素进行剖析，找到可以在个体之间传播和复制的因子。模因可以是文化中的任何东西，如语言、时尚、技术、信仰、习惯等。这些模因通过模仿和传播，在社会中传递并影响人们的思想、行为和文化。刘长林提出："文化基因就是那些对民族的文化和历史产生过深远影响的心理底层结构和思维方式。"❶

模因理论强调了文化演化的概念，认为模因在社会中的传播和演变影响着文化的发

---

❶ 刘长林. 宇宙基因·社会基因·文化基因 [J]. 哲学动态，1988（11）：29-32.

展。它提供了一种理解文化变迁和传播的观点，类似于基因在生物进化中的作用。模因理论也强调了信息的传递和竞争，认为那些更具有传播能力的模因更有可能在文化中传承下去。

因此，书中严格按照扎根理论"开放式编码—主轴编码—选择式编码"三个步骤，在不断比较、调整、删减的过程中，对宋韵相关资料进行层级编码，形成概念、范畴，并建立彼此之间的逻辑关联，最终得到较为科学的宋韵文化遗产的数字化AIGC模型。

（二）大模型研究法

简单理解AIGC大模型的工作原理，就是设计一种文本与图片链接并扩散为图片的方案：训练文本与图片的匹配程度，即向大模型解释这个图片是什么，并期待它能够量化文本向量（Text Vector）与其图像表示（Image Representation）的匹配程度。训练这类模型的思路如下：

第一步，将文本（Text）片段编码，得到T；

第二步，将图像（Image）编码，得到I。

基于这种映射方式，对大量文本和图像的训练样本进行这样的操作（图2-1-2），就能够评估生成的图像符合文本输入的程度。

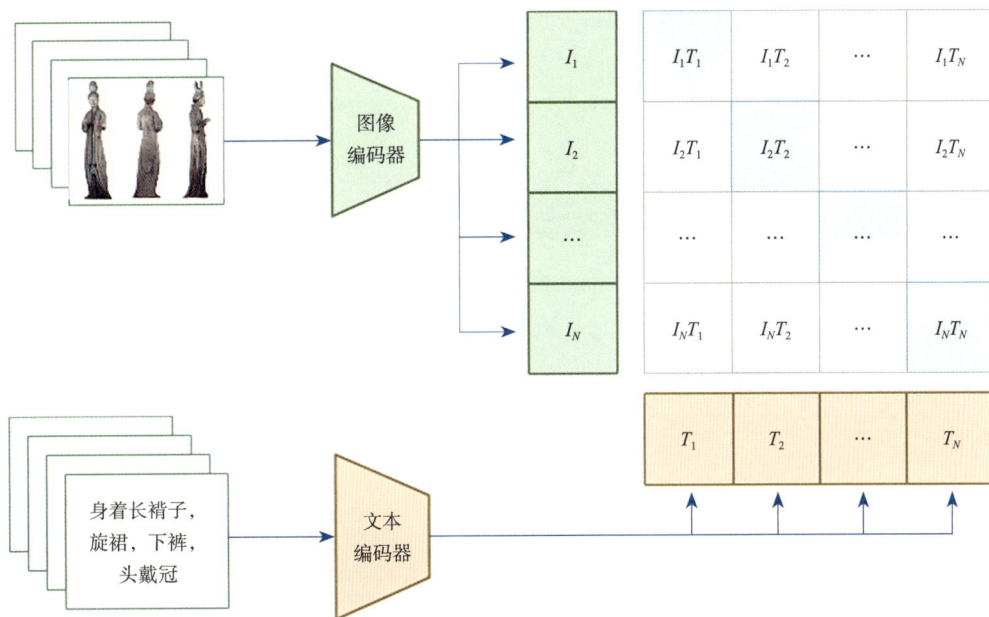

图2-1-2　AIGC大模型工作原理

三、研究过程

（一）文化研究过程

基于 AIGC 技术的宋韵服饰文化基因传承与设计创新研究将系统性地从以下维度深入展开。

1. 大数据挖掘整合

高效运用 AI 算法搜集、整理及深度解析宋代各类文献记录、画作资料及考古实物中的服饰细节信息，精准提炼出宋韵服饰在款式结构、色彩搭配和纹饰艺术等方面的独特标识，构建一套翔实且完整的宋韵服饰数据库资源，构建宋韵汉服文化模因矩阵，分别提取其显性视觉因子和隐性语义因子。

2. 智慧设计融合与革新演绎

运用层次分析法客观赋权获得设计因子，结合 AIGC 强大的内容生成能力，巧妙地将提取到的宋韵服饰文化精髓与现代审美趋势结合，助力构建人工智能驱动的创意设计流程，从而创造出既蕴含深厚文化底蕴又具备时尚前瞻性的新型汉服款式。

3. 全民共创与广泛传播

构建数字化互动展示平台，用户参与共创机制，将前期选取的设计因子分解重组，通过形状文法（以形状运算为主的设计推理方法）进行演绎和转化，助推设计出符合当代审美需求的文创产品，从而推动这一传统文化内涵在更广泛的受众群体中实现生动而有效的传播。

4. 教育普及与产业转型升级

将研究成果积极转化为教育实践，开发丰富多样的多媒体教学素材，并借助 AIGC 个性化定制功能，有力推动宋韵服饰文化的普及教育工作，同时助力其向文化创意产业方向发展，打造具有市场竞争力的文化产品系列。

（二）AIGC 模型研究过程

1. 训练阶段

在这个阶段，机器学习模型通过学习已标记的大量数据集来构建其内在规律。这个过程涉及优化模型参数（如神经网络中的权重和偏置），使模型尽可能准确地对输入数据进行预测或分类。

训练过程中，算法会使用梯度下降等优化方法不断调整模型参数以最小化损失函数，从而提高模型在训练数据上的性能。

2. 推理阶段

推理阶段或称为推断阶段，训练完成后，得到的是一个经过优化、具备了某种预测能力的模型。在推理阶段，该模型会被部署到实际应用中去处理新的、未见过的数据。当用户输入新的数据时，模型根据其学到的规则和模式分析这些数据，并做出相应的预测、分类或决策。

推理阶段关注的是模型在新数据上的表现，即模型泛化能力的好坏，以及如何在保持一定准确率的前提下，实现高效、低延迟和资源优化的计算。

第二节
宋韵汉服的文化基因梳理

一、服饰之"韵"

中华民族的服饰文化根植古老的历史土壤，而华夏文明煌煌五千余载，在经历不同朝代政权更迭、地域交融的历史进程中，服饰文化也一直在发生变化。如明代的服饰在袍裙式样上有所革新，清代则受满洲文化影响，形成了独具特色的满汉服饰。同时丝绸之路的开通和交通技术的发达，不断发生地域文明的交流，其中不仅包括物质交流，文化风尚亦然，东亚各国之间文化元素交融频繁，并与独特的当地文化交织与演变形成了同根同源的服饰文化大融合。通过研究不同时期的服饰特点，提取精粹，以展现当代的精神文化风貌。这种时代精神和文化内涵，就是"韵"。

虽然中国古代服装的沿袭少有文化断代，且深受儒家文化的影响，惯循古制，但服饰文化的发展具有地域和时间的流变性❶。华服经历了千年演变，每个朝代都形成了独特而严谨的风格。夏商时，我国的传统服饰就出现了深衣制，这个时期的服饰尚显

---

❶ 张玲. 南宋女装形制风格研究［D］. 北京：北京服装学院，2018.

简洁；随着时间的推移，至春秋战国时期，服饰开始出现纹饰和色彩的变化，变得更加华丽。

秦汉时期，随着社会经济的发展和文化的繁荣，服饰也迎来了重要的变革。裙、带、冠等多样化服饰的出现，尤其是曲裾深衣成为这一时期的主流服装（图2-2-1、图2-2-2）。由马王堆一号汉墓T形帛画中部墓主人及侍从像中即可看出明显的曲裾深衣式样。

图2-2-1 [汉]马王堆一号汉墓T形帛画中部墓主人及侍从像

图2-2-2 [汉]塑衣式彩绘直立侍女俑❶

到了魏晋南北朝时期，随着玄学的兴起，服饰开始追求飘逸、宽松的风格。这个时期的文人雅士崇尚自然之美，他们的服饰往往简洁而不失雅致，为后世效仿。

隋唐时期，中国经济发展达到了巅峰，文化艺术也取得了巨大的成就。这个时期的服饰丰富多彩，尤其是华丽与婀娜多姿的唐代女性襦裙，成为中国服饰的代表之一。同时，隋唐时期还出现了著名的唐装，成为中国文化的象征之一（图2-2-3）。

宋元时期，随着理学的兴起和市民文化的繁荣，服饰逐渐呈现简约而庄重的风格。宋代共计三百二十年，是中国历史上继夏商周、两汉之后统治时间最长的朝代，而两宋各占一个半世纪之久的文化演变又见南北风尚之别异，各具特色，讲究色彩搭配和纹饰图案。元代则融入了蒙古族的特色，展现了这个时期多元文化的交融（图2-2-4）。

---

❶ 汉景帝阳陵博物院藏。官网描述称塑衣式彩绘直立侍女俑高约51厘米，身着乳白色交领右衽曲裾裙深衣，从领口来看其里外共穿三层衣袍。袖口、领口、衣襟处皆绘有红色、棕色、蓝色锦缘。侍女俑发式前额中分，长发后拢于项背处挽成垂髻，髻下分出一缕青丝下垂，正是汉代初年流行的堕马髻，推测为是墓主人贴身侍女形象。

到了明清时期，明代承袭宋代之风，而清代则在满族文化的影响下，满蒙服饰元素占据了主流地位。得益于现当代文艺作品的传播普及，清朝服饰成为近代以来最为人熟知的古代服装制式之一（图2-2-5）。

总之，中国古代服饰的演变是一个漫长而复杂的过程。古今中外，衣冠服饰通常是社会风尚和文化趋势的反映，它们承载着丰富的文化意义和社会信息。不同的历史时期、

图2-2-3　[唐]陕西乾县永泰公主墓壁画中高髻、披帛、着半臂、长裙、重台履贵族妇女和捧持生活用具侍女

图2-2-4　[元]甲士、军官和侍卫图

图2-2-5　[清]《雍正十二妃子图》之一

地理区域、社会阶层和文化背景都会影响服饰的风格和流行趋势。例如，服装的款式、颜色、材料等都可以反映出特定时代的审美偏好、社会价值观及技术水平。在历史的长河中，服饰的变迁不仅体现了时尚的演变，还映射出社会结构和文化认同的变化。

二、宋代服饰的文化沿革

服装不仅具有遮体保暖的基本功能，更反映了社会风貌和阶级、民族、宗教、民俗等信息。它直接展现物质技术进步，能够体现各个历史时期的政治、经济、军事等状况，是穿在身上的历史和文明进步的象征。

（一）服饰的哲学性

舆服制度自黄帝时代起源，经过唐（尧）、虞（舜）时代的发展，历经夏、商两代，到周代达到鼎盛和完善，成为中华文化中礼仪制度和象征体系的重要组成部分。我国古代服饰专家沈从文曾考证衣分等级的服饰制度始于西周，《宋史·卷一百四十九·志第一百二·舆服一》亦有记载：

昔者圣人作舆，轸之方以象地，盖之圆以象天。《易·传》言："黄帝、尧、舜，垂衣裳而天下治，盖取诸乾坤。"夫舆服之制，取法天地，则圣人创物之智，别尊卑，定上下，有大于斯二者乎！舜命禹曰："予欲观古人之象，日、月、星辰、山、龙、华虫作会，宗彝、藻、火、粉米、黼、黻絺绣，以五采彰施于五色，作服，汝明。"《周官》之属，有巾车、典路、司常，有司服、司裘、内司服等职。以是知舆服始于黄帝，成于唐、虞，历夏及商，而大备于周。

这段话昭示了服装的哲学性。

取法自然与宇宙秩序：圣人在创造车辆（舆）时，特意使其底部为方形（轸之方），以象征大地的稳固与承载，顶部为圆形（盖之圆），以象征天空的广阔与包容。这种结构反映了古人对宇宙秩序的深刻理解和对天地自然法则的尊崇。

符号象征与社会治理：《易·传》引用了黄帝、尧、舜三位古代圣王的例子，他们通过穿着不同形式的衣裳（垂衣裳），来象征性地治理天下，这些衣裳的设计理念来源于《易经》中的"乾坤"思想，其中"乾"代表天、"坤"代表地，表达的是天地之道和社会伦理秩序。服饰成为传达统治者权威、道德教化和社会伦理观念的载体。

社会身份与等级标识：舆服制度不仅是一种实用功能的体现，更深层次是通过服饰的样式、色彩、图案等元素来区分社会地位和角色分工，从而确立社会的尊卑秩序和等级制度。

图案象征与文明教化：文中亦引述了舜帝对禹的教导，说明了早期服饰纹样的象征含义。例如，日、月、星辰、山、龙、华虫等图案组合在一起，加之宗彝、藻、火、粉米、黼、黻六种图案（即所谓的"十二章纹"），它们分别代表了自然界和人类生活的不同层面，这些纹饰以丰富的颜色描绘，构成华丽的服饰，旨在彰显文明的进步与教化的成果，强化集体认同与文化传承。

制度完备与官职管理：文中提到了《周官》（《周礼》的一部分）中记录的众多与舆服相关的官职，如巾车、典路、司常、司服、司裘、内司服等，表明在周代，舆服制度已经发展得相当完备，且具有严格的管理和执行机构，反映出服饰在国家治理体系中的重要地位和规范化管理。

服装是连接人与自然、社会与宇宙、个体与集体、物质与精神的桥梁，既是人类对自然秩序的模仿与敬畏的体现，又是社会治理、社会分化、文明象征与制度规制的有力工具，蕴含着深厚的文化哲学内涵与社会历史价值。

（二）服饰的政治性

我国的礼制不仅很早就已趋于完善，且名目纷繁，诚如《中庸》所言，"礼仪三百，威仪三千"，进而影响到了生活的方方面面。汉服制作为礼制的具体体现，早在周代就建立起了一套内容宏丰、体制赅备的礼仪制度，同时还被纳入"礼治"的范围之内，对服饰的款式、衣料、纹饰、色彩诸多方面都有详尽的规定。在着装上，不同的阶层各有与其身份地位相等的服饰，天子衣冠禁止臣下穿戴，公卿贵族阶层的服饰、色彩甚至所用面料一般严禁士庶平民穿戴，否则即为"越"，所谓"服之不衷，身之灾也"。除此之外，又设衣官专门掌管服饰制度，主要负责管理天子诸侯在不同场合中应穿戴何种礼服及佩戴何种饰物，对平民在不同场合的着装也有规定，这为后世历朝历代的统治者沿袭和继承，并产生了极深远的影响。

"服饰政治"使不同阶级甚至不同行业的着装都有牢不可破的壁垒，以"别贵贱、明等级"。中国历代社会都十分重视冠服之制，华夏衣冠在几千年的时间中通过历代中原王朝对周礼服制的代代相传、世世相袭，尤其是汉民族内部的朝代更迭，更是文脉相承，以为正统。《宋史》中《卷一百四十九·志第一百二·舆服一》有记："宋之君臣，于二帝、三王、周公、孔子之道，讲之甚明。至其规模制度，饰为声明，已足粲然，虽不能尽合古制，而于后代庶无愧焉。"

总的来说，宋代十分重视恢复旧有的冠服制度，君王对待冕服的态度能够很好地佐证这一点。但在具体实践中，由于各种原因，包括官僚机构的自行变通与历史沿革的影响，冕服制度始终处于一种不断修正和完善的过程之中。

如《宋史》中《卷一百五十一·志第一百四·舆服三》记载：

且太祖建隆元年少府监所造冕服，及二年博士聂崇义所进《三礼图》，尝诏尹拙、窦仪参校之，皆仿虞、周、汉、唐之旧。至四年冬服之，合祭天地于圜丘，用此制也。太宗亦尝命少府制于禁中，不闻改作。及真宗封泰山，礼官请服衮冕。帝曰："前王服羔裘，尚质也。今则无羔裘而有衮冕，可从近制。"是岂有意于繁饰哉。盖后之有司，率意妄增，未尝确议，遂相循而用。故仁宗尝诏礼官章得象等详议之，其所减过半，然不经之饰，重者多去，轻者尚存，不能尽如诏书之意。故至和三年，王洙复议去繁饰，礼官画图以献，渐还古礼，而有司所造，复如景佑之前。

又按《开宝通礼》及《衣服令》，冕服皆有定法，悉无宝锦之饰。夫太祖、太宗富有四海，岂乏宝玩，顾不可施之郊庙也。臣窃谓，陛下肇祀天地，躬缝祖祢，服周之冕，观古之象，愿复先王之制，祖宗之法。其衮冕之服，及韠、绶、佩、舄之类，与《通礼》《衣服令》《三礼图》制度不同者，宜悉改正。

古者冕服之用，郊庙殊制。唐兴，天子之服有二等，而大裘尚存。显庆初，长孙无忌等采《郊特牲》之说，献议废大裘。自是郊庙之祭，一用衮冕，然疏章之数，止以十二为节，亦未闻有余饰也。国朝冕服，虽仿古制，然增以珍异巧缛，前世所未尝有。夫国之大事，莫大于祀，而祭服违经，非以肃祀容、尊神明也。臣等以谓宜如育言，参酌《通礼》《衣服令》《三礼图》及景佑三年减定之制，一切改造之。❶

这段文字记载了宋代天子、皇太子及后妃服饰，主要讨论了宋代统治者对古代礼仪制度特别是冕服制度的继承与改革过程。宋代君臣深谙先秦两汉、周公、孔子的儒家礼乐之道，并将其理论阐述得非常明晰。在具体的礼仪规模和制度设计方面，虽然可能并

---

❶ 脱脱，等. 宋史 [M]. 北京：中华书局，1997：3526–3527.

未能完全符合古代礼制，但已经形成了系统且庄重的典礼声明，足以展现出朝廷的尊严与辉煌，使之在后代看来仍不失为典范。

文中提到，宋太祖建隆元年时由少府监制作的冕服，以及两年后聂崇义进呈的《三礼图》，均是参照了虞、周、汉、唐时期的古礼而制定。到了建隆四年冬天，宋太祖在圜丘举行的天地祭祀中，便采用了这套冕服制度。此后，宋太宗也沿用了这一制度，并未进行更改。

宋真宗时期，当面临封禅泰山的重大礼仪活动时，礼官提议采用衮冕，但真宗指出应当遵循质朴的传统，提及前代君王穿羔裘，而现在虽然没有羔裘但有衮冕，可以遵照最近的制度。此处暗示了宋代统治者无意过度繁饰，但后来的官员在执行过程中可能会随意增添不必要的装饰，导致与原旨有所背离。

宋仁宗时期曾经下令让礼官章得象等人对冕服制度进行详议并加以简化，减少了超过一半的繁杂装饰，不过部分不够经典的装饰依旧保留了下来，未能完全符合仁宗下诏的初衷。至和三年时，王洙再次倡议去除冗余装饰，礼官重新设计并进献冕服图案，力求逐渐恢复古礼。但是，有关部门在实际制造过程中，往往又回到了景佑年间的较复杂款式。

此外，《开宝通礼》及《衣服令》中都明确规定了冕服的定制，并不包含过分华美的宝锦装饰。尽管宋太祖、宋太宗时期国富民强，但他们知道在祭祀天地祖先这样的重大场合不宜过于奢华。文章指出，当代皇帝应该效仿古代先王，遵循祖宗法制，在祭祀活动中穿戴周朝式的冕服，去掉那些不符合经典规定的多余装饰。

文章指出，唐代以后天子的祭祀服装分为两种等级，其中大裘仍被使用。到了唐显庆初年，长孙无忌等人依据《郊特牲》的论述，建议废除大裘，自此以后，无论是郊祭还是庙祭，都统一使用衮冕，但旒章数量仅限于十二个，也没有额外的装饰。宋代虽然在冕服制度上仿照古代，但实际上增加了许多珍贵、精致且前所未有的装饰，这对祭祀这种国家大事来说，并不利于体现严肃的祭祀氛围和对神明的尊重。因此，作者建议应当参考《通礼》《衣服令》《三礼图》及景佑三年简化后的规定，对冕服制度进行全面的改造和调整，使祭祀服饰回归经典，彰显肃穆和敬神之心。

宋代的统治者及其官员们对上古时期的圣贤帝王之道，如尧舜禹汤、周公、孔子等人的思想与实践，钻研得极为透彻明了。他们在制订国家的各项规模制度和礼仪声明时，力求展现出辉煌灿烂的文化成就，尽管可能无法完全符合古代所有的礼制规定，但在后世看来，宋代在恢复和弘扬古代礼制方面所做的努力，基本上没有愧对古人的地方。

在服饰制度上，宋代一方面积极恢复古典礼制，另一方面结合时代特点进行适度的创新和调整，力求在尊崇古代礼法的基础上，体现出宋代独特的文化风貌和社会秩序。无论是皇家的冕服、朝服，还是官员士人的公服，乃至民间百姓的日常穿着，都蕴含了宋代对传统文化的尊重和对理想社会秩序的追求。尽管服饰制度在演变过程中并未做到完全复原古制，但却在很大程度上体现了那个时代的文化自信和在制度建设上的卓越成效。

（三）服饰文化演变时间轴

宋代服饰文化的演变是多方面因素共同作用的结果，既包含了对传统的继承与恢复，又有对时代发展的适应与创新，是当时社会政治、经济、文化等复杂关系在网络中的生动体现。宋代服饰的文化演变可以从多个维度来解析。

1. 宋代初期服饰

（1）简朴

宋代初期，基于唐末五代的战乱与社会动荡，赵宋王朝的建立伴随着一系列稳定社会秩序和重塑政治形象的措施，其中之一便是推崇节俭的生活方式。这一时期的宋代服饰特征表现为简约而不失庄重，注重实用性，摒弃了前朝过度华丽复杂的装饰，反映了新王朝力图回归传统儒家德行伦理和社会规范的决心。早期的简朴化趋势，也可以视为儒家思想在政治和文化领域影响的一个方面，反映了对"节俭"和"中庸"的重视。总之，早期的宋代服饰较为简单、质朴。

（2）规范化

宋代政府系统地制定了一套详尽的服饰制度，这套制度涵盖了从皇帝、各级官员到平民百姓的所有阶层，具体细化到服饰的款式、颜色、图案、材料等各方面，甚至佩戴何种饰品也有严格规定。这种规范化举措深深体现了儒家"礼"的原则，即通过外在的服饰制度来彰显内在的社会等级与道德秩序，确保社会成员各安其位、遵守伦常，从而达到社会安定和谐的目的。

（3）多样性

宋代时期，随着经济的快速发展，手工业技术不断进步，丝绸业和棉纺织业取得了显著成就。丝绸因其质地轻柔、色泽艳丽而深受喜爱，而棉花的广泛种植和棉布工艺的改进，则极大地丰富了普通民众的衣料选择，使布料来源更加多样且成本降低，这为服饰样式的创新和发展提供了充足的物质基础。

在这样的经济背景下，宋代的民间服饰种类繁多，样式各异，突破了以往单一的官定服饰体系，展现出更为生动活泼的市井气息。随着资本主义萌芽的出现，商业活动空前繁荣，市民阶层逐渐壮大，城市文化生活日益丰富，这在一定程度上冲击了传统的服饰制度，使民间流行的服饰风格和搭配方式能够根据市场需求和个人喜好发生变化。

尽管朝廷对服饰有着严格的规定，试图通过服饰制度来维护等级秩序，但在实际生活中，尤其是在都市商业繁华的地区，民间服饰流行趋势显示出对官方规定的灵活应对与挑战。这不仅体现在服饰材料、图案和制作技艺的改良上，还体现在不同职业、年龄和性别群体对时尚的不同追求上，这些变化共同促进了宋代服饰文化的多样性与活力。

（4）民族交融与外来影响

宋代是中国历史上民族交流频繁的时期，胡服、回鹘装等少数民族服饰元素融入汉族服饰之中，形成了独特的混合风格。

外来文化的影响可见于冠帽、鞋履等方面，一些新颖的装扮虽受到"服妖"之类的指责，但也说明了服饰文化的活跃与变革。

（5）妇女地位

在妇女服饰方面，随着社会思想的变化，宋代妇女的服饰更趋保守，强调封建伦理纲常，女服以素淡、紧束为特色，体现了对妇女行为的严格约束。虽然宋代女性在某些方面，如离婚、财产继承、教育和部分职业选择上相比前代有所改善，但总体而言仍受到封建礼教的约束。例如，妇女服饰需要服从丈夫的服色，平民百姓家的妇女不得穿着过于奢华的衣物，这显示了女性在公共形象展示上的局限性。

服饰也是女性社会地位的体现，例如"低嫁穿红，高嫁穿绿"的婚服规则，说明女性出嫁时的服饰颜色与夫家的社会地位紧密相关。随着社会经济的发展和城市文化的繁荣，部分富裕家庭的女性可以通过自身参与社会活动、经营店铺等方式获得更高的社会认可，这种变化也在一定程度上体现在她们的穿着打扮上。

另外，宋代女性有缠足的习惯。缠足习俗的起源可追溯至南唐后主李煜的宫廷之内。正如"楚王好细腰，宫中多饿死"，在李煜执政期间，宫廷中因他对某位缠足后舞蹈姿态更加曼妙的妃子的极度欣赏，开始盛行缠足。自此，缠足风尚从皇室贵族扩展至宋神宗时期（1068—1085 年）的整个上流社会，随后逐步渗透到民间，最终固化为一种持续约九个世纪以上的文化习俗，直至中华人民共和国成立后方得彻底废止。缠足习俗在宋代逐渐普及，虽然起初仅限于上层社会，但它象征着当时特定的审美标准和对女性身体的束缚，体现了妇女地位的降低和社会价值观的变化。

2. 宋代中期服饰

建炎南渡之后，宋代服饰呈现了一定的风格差异，这些差异主要受地理变迁、经济发展、民族交融和文化审美变迁等因素的影响。

（1）地理环境变迁

北宋的都城在北方的开封，其服饰文化受到北方豪放大气风格的影响，而南宋定都南方的杭州（临安），江南地区的温婉细腻、富饶繁华则对服饰产生了更为精细、雅致的影响。南方气候温和湿润，丝绸、棉麻等面料资源丰富，所以在南宋服饰中，江南特色的刺绣、印染等技艺更为突出。

（2）经济发展

南宋时期，江南地区经济尤为发达，工商业和对外贸易兴盛，促进了丝绸、织锦等高级纺织品的生产和消费，民间服饰也因此变得更加精美和多样化。

（3）民族融合与文化交流更加频繁

南宋时期与周边少数民族政权如金、西夏、大理等地域国境线接壤面积更大，且土地政权交割却未能完全切断商贸交流，所以交往甚为密切，少数民族服饰元素的引入使南宋的服饰风格更加多元，尤其在民间，有更多的民族融合的痕迹。

（4）社会风尚与审美倾向改变

北宋继承了唐代的部分遗风，而在南宋时期，受程朱理学的影响，社会风气趋于内敛和严谨，服饰风格也从最初的开放转向含蓄和节制，不过南宋晚期由于国力相对较强，宫廷和贵族的服饰再次出现了追求华美和精致的趋势。

3. 宋代晚期服饰

宋代中期以后，随着国家财政收入的增长、科技文化艺术的繁荣，以及农业、手工业和商业的兴盛，国力得到了显著增强，社会财富积累丰富，人民生活水平提高，这种经济繁荣和国泰民安的景象反映到了服饰文化上。特别是在宋徽宗时期（1101—1125 年在位），作为一位热衷于艺术的皇帝，宋徽宗对艺术审美的追求和推广，极大地推动了宫廷服饰的精致化和艺术化，进而影响了民间的服饰风格。

宋代晚期的风格可以说是奢华与多元的。一方面，宫廷中的服饰设计越来越考究，细节装饰日趋繁复，织绣技艺登峰造极，色彩搭配丰富多样，同时借鉴了多种民族文化元素，使服饰风格呈现出多元化和个性化的特点。宫廷风尚的改变迅速辐射社会各阶层，尤其是中上层社会，他们开始追求更高品质的服饰，注重服饰的材质、做工、图案与色彩的协调搭配，以及服装整体的华美与优雅。另一方面，市民阶层的崛起和城市经济的活跃，也使民间对服饰的需求和审美观发生了深刻变化。人们开始重视个体表达，追求个性化的着装风格，这进一步推动了宋代服饰文化的丰富和发展，形成了既有深厚文化底蕴，又充满时代创新的独特服饰风貌。

第三节
宋代服饰文化梳理架构设计

为了更好地梳理宋代之"韵"于服饰的意义，亦在大模型中形成更强关联的"文本"与"指代符号"之间的关系，形成"继承—创造—应用"的闭环结构，本研究基于模因理论，探究宋韵文化的数字化分类。在这个过程中，我们将宋韵文化的基因划分为显性和隐性两大类别。显性因子包括那些通过视觉直接识别的元素，比如服饰的结构、形态、图案和颜色。相比之下，隐性因子涉及服饰的象征意义、社会阶层的象征、情感表达和日常礼节等更深层次的内容，这些因素的识别需要对历史文献、时代背景进行细致的分析和综合（图2-3-1）。

本书采用实地考察结合文献研究的方法，邀请了历史学、社会学和艺术学等领域的专家进行综合评估，以确保构建的模因矩阵既科学又实用。选取形制结构、纹样、色彩谱系、材质以及语义层面的因子，经过人工初筛，选出相关性较高的数据库，运用目标检测技术进行标的筛选，运用光照矫正、边缘检测等技术手段进行图像优化，并将汉服图像中的样式特征、装饰细节、配饰元素等视觉信息转换为详细的结构化文本描述，以期构建一个清晰的宋韵文化要素提取分层模型。

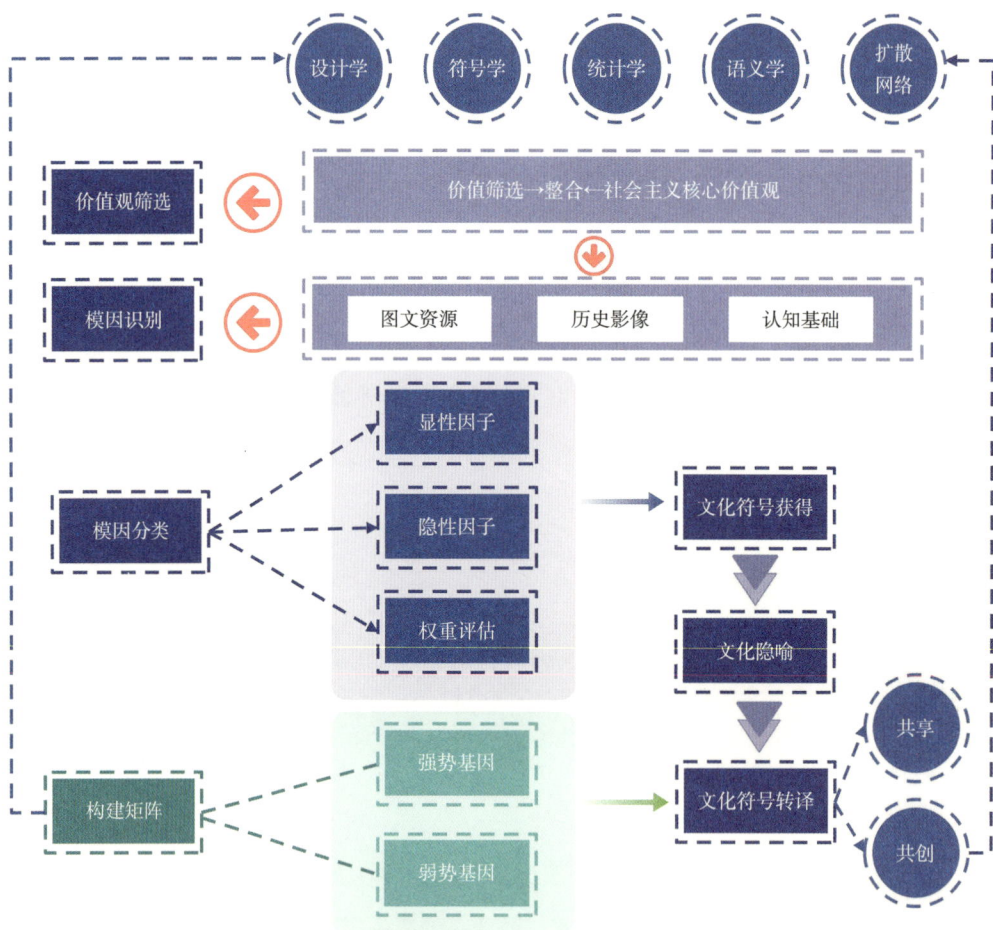

图2-3-1　因子转化流程图

一、隐性基因

在宋代时期，服饰承载了强烈的政治和社会色彩，宋代的服饰制度严格遵循儒家礼制思想，通过服饰的颜色、图案、质地、款式等细节来体现穿着者的身份地位和等级差别，如冕服、朝服、公服、常服等各有规定。这种制度化的服饰不仅体现了国家对社会秩序和阶级稳定的维护，也反映了政治权力的象征和文化理念的传承。细观宋代文化的结构会发现宋韵文化的发展与其社会发展一样，非常矛盾。如《中国美学通史》所描述的：一方面，伦理教化及政教功能说对审美领域发动了前所未有的紧逼；另一方面，审美领域又出现了对伦理教化说的空前背离。

宋代文艺作品风格与当时盛行的理学思想密切相关。宋代理学强调"格物致知"，提倡通过观察事物的本质规律来认识世界，这种精神内核自然反映在绘画上，表现为对写实技巧的推崇和对客观事物精细入微的描绘。南宋罗大经在《鹤林玉露》中记载："曾云巢无疑工画草虫，年迈愈精。余尝问其有所传乎？无疑笑曰……某自少时取草虫笼而观之，穷昼夜不厌。又恐其神之不完也，复就草地之间观之，于是始得其天。方其落笔之际，不知我之为草虫耶？草虫之为我耶？"物我两忘的境界，仿佛自己与草虫已经融为一体，难以分辨究竟是他在作画还是草虫赋予了他灵感，这种深度沉浸的艺术体验充分体现了中国古代文人画家"外师造化，中得心源"的艺术理念，就是一种对于自我和天地之间的辩证思考。

（一）儒学思想

中国历朝历代的政治文明都不乏儒学的影子，宋代尤甚。宋代的哲学家在传统儒学的基础上开发出了"理学"，又被称作"新儒学"。

1169年，功利主义哲学家和理论家陈亮在一份奏章中说："故本朝以儒立国，而儒道之振，独优于前代。"并认为华夏即汉家中原文明，才是天下正统："臣惟中国天地之正气也，天命所钟也，人心所会也，衣冠礼乐所萃也，百代帝王之所相承也。挈中国衣冠礼乐而寓之偏方，虽天命人心犹有所系，然岂以是为可久安而无事也！天地之正气，郁遏而久不得骋，必将有所发泄，而天命人心，固非偏方所可久系也。"

正如德国学者迪特·库恩所言，"中国历史上很少有朝代像宋朝那样愿意去重塑和改革整个社会"[1]，形成了"与士大夫共治天下"的政治格局。理学，作为儒家思想发展的重要阶段和转折点，在中国封建社会中构建了一套复杂而精深的理论体系。它以儒家伦理道德为核心，同时融合了道家与禅宗的思辨元素，通过三教合一的理念创新，成功回应了来自道家和佛家在哲学层面的挑战，并弥补了原始儒家在本体论上的不足。理学家们将伦理道德观念与宇宙本体论紧密联系起来，为传统士人提供了坚实的哲学基础和精神寄托。可以说，理学的兴起是儒家伦理道德学说的一次重建与升华，儒家主张"内圣外王"，即通过个人的道德修养达到内心世界的完善（内圣），进而影响外在的社会行为和治理（外王），这一理念深刻影响了士人阶层的行为准则和生活态度。图2-3-2所

---

[1] 迪特·库恩. 儒家统治的时代：宋的转型［M］. 李文锋，译. 北京：中信出版社，2016：15.

示的高士图通过描绘文人士大夫的闲适生活，反映其内在的精神追求与道德理想。画面中的细节，比如文士挖耳的动作，除了展现其闲适生活的一面，也可能蕴含深层的文化寓意。挖耳可象征着清除杂念，保持心灵的纯净，以便更好地接受道德教诲与智慧忠言，体现了士人对于自我反省与道德完善的不懈追求。

图2-3-2　[北宋]佚名《挖耳图》❶

　　从审美角度看，理学对主体心性之学的深入探讨和建构促进了宋代乃至后世中国人的主体自觉意识。宋元时期的审美观发生了显著转变，即从对外在自然天地的关注转向对内在主体人格境界的审视。这种转变使"圣贤气象""道德人格"在新的理论框架下

---

❶ 美国弗利尔美术馆藏。绢本，手卷，设色，31.5厘米×42.3厘米。中华珍宝馆马梦晶对此画作简要介绍：这幅短卷描绘的是文人书斋的景象。室内几案上摆置文房习见的书册、乐器、果物、文具，从小几上书册堆叠、纸页平摊、笔墨设就看来，居画面中央的文士似乎在校点书籍，或写作文章。但他暂时放下严肃的活动，侧身举手挖耳，由于他连鞋袜都已脱去，精神应是十分安逸放松，而童仆正好送来热茶。背景处延展于整个空间的，是以山水画为主题的三连式屏风，画里平缓山峦之间，有屋舍点缀其中，行旅人物悠然穿梭，亦是文人所向往的可卧游之境。

获得了更深层次的审美价值。

渴望恢复汉服礼仪不止宋之一代，儒学教化之下对华夏文明"正统性"的执着追求是所有朝代的稳定内核。白居易《缚戎人》云："一落蕃中四十载，身著皮裘系毛带。唯话正朝服汉仪，敛衣整巾潜泪垂。誓心密定归分记……"❶又如，由南宋理学家朱熹根据古代礼制记载并结合自己的理解设计的一种礼服"朱子深衣"，作为在祭祀、典礼等重要场合穿着的服饰。《朱子家礼》中详细阐述了深衣的设计理念与制作规范，每一处裁剪和设计都充满了寓意和教化意义。

深衣的整体结构采用上衣下裳相连的形式，即上部类似交领长衫，下部似裙摆连为一体，上下同色，象征天地合一、道统一体的精神内涵。《礼记·深衣》中记载："十有二幅以应十有二月。"这意味着深衣由十二片布料缝合而成，寓含一年十二个月、四季轮回不断的意思。深衣的腰部通常会有细密的褶皱，代表德行深厚；袖口宽大，象征包容广大，圆袂（即圆形袖口）象征规矩方圆，寓意遵循规则；领型多为交领右衽，符合古人的礼仪习俗，直领设计虽为对襟剪裁，穿时则形成交领，矩形交领处代表"矩"，强调做人应遵守礼法；中缝贯穿背部直至脚踝，寓意人格正直；下摆齐平地面，寓意做事讲究权衡适宜，不偏不倚。

朱子深衣将儒家思想中的修身之道、尊崇自然、循规蹈矩等核心价值巧妙地融合于服饰之中，使穿着者在日常生活中时刻谨记并实践这些传统美德，不仅展现了深厚的文化内涵，也赋予了服装独特的美学魅力。

宋代审美哲学在思辨程度上较之前朝有了显著提升，这正是得益于宋学尤其是理学的深远影响。理学不仅推动了中国传统哲学的发展，也极大地丰富和深化了中国古代审美意识形态和文化内涵。

（二）社会风尚

1. 奢靡之风

在宋代时期，社会舆论普遍倾向于提倡服饰的简朴风格，尤其是对于妇女的穿着要求更为严格，主张避免过度奢华。如袁采所著的《袁氏世范》一书，就提出女服"惟务洁净，尤不可异众"。这一风尚与当时的社会背景、文化思潮以及政策导向密切

---

❶ 费振刚. 中国历代名家流派诗传：元白诗传（上）[M]. 长春：吉林人民出版社，2005：179-180.

相关。一方面，宋代受儒家思想影响深远，特别是程朱理学的兴起，强调道德伦理和内在修养，崇尚节俭与谦逊，这种理念在服饰上表现为对过分华丽服饰的摒弃，追求朴素大方之美。另一方面，宋代经济繁荣，市民阶层逐渐壮大，但统治阶级出于维护社会稳定和防止奢侈之风蔓延的考虑，多次发布诏令限制各级官员及其眷属的服饰规格和花费，并倡导全社会形成简约的服饰审美标准。绍兴五年，高宗谓辅臣曰："金翠为妇人服饰，不惟靡货害物，而侈靡之习，实关风化。已戒中外，及下令不许入宫门，今无一人犯者。尚恐士民之家未能尽革，宜申严禁，仍定销金及采捕金翠罪赏格。"❶然而，这一诏令却未能很好地贯彻实施——在商品经济高度繁荣发展的南宋，当高档的服装、精致的饰品、名贵的衣料一旦转化为商品之时，当象征财富的货币逐渐涌现成为消费者突破礼制约束的媒介时，原本等级分明的礼法制度、尊卑贵贱的服饰制度已经被打破。❷

南宋一代，上自宫掖，下至民间，奢靡之风攀效比附，令人咋舌。景祐三年，太常少卿、直昭文馆开封扈偁言："京师，天下之本。士民潜侈无法，室居服玩，竞为华靡，珠玑金翠，照耀路衢，一袭衣其直不翅千万，请条约之。"❸各朝皇帝也曾三令五申，多次申饬服饰"务从简朴""不得奢僭"。然奢靡之风屡禁不止，公众的集会也成为女性斗美夸富之所，"有善女人，皆府室宅舍内司之府第娘子夫人等，建庚申会，诵《圆觉经》，俱带珠翠珍宝首饰赴会，人呼曰'斗宝会'"❹。这一现象也是对儒家文化中"尚俭"精神的一种背离，在商业贸易极其发达的社会环境下，民间消费观念和审美取向产生了超越阶层的变化与挑战。

这种奢侈之风在旧书古籍中常有提及，如《武林旧事》曾提道："遗钿堕珥，往往得之。亦东都遗风也。"吴自牧在《梦粱录》中《卷一·元宵》一节中亦道："甚至饮酒醺醺，倩人扶著，堕翠遗簪，难以枚举。"足可见宋代民富至此，民风奢靡至此。

2. 阶级跨越

在当时，不仅奢靡成风，僭越亦成风。宋代服装的等级制度十分森严，各类史籍均

---

❶ 脱脱，等. 宋史 [M]. 北京：中华书局，1997：3579.

❷ 周膺，吴晶. 南宋美学思想研究 [M]. 上海：上海古籍出版社，2012：257.

❸ 李焘. 续资治通鉴长编（第九册）[M]. 北京：中华书局，1985：2777.

❹ 吴自牧. 梦粱录 [M]. 郑州：大象出版社，2017：292.

有记载，不得逾越，如孟元老《东京梦华录·卷五·民俗》记："其士农工商诸行百户衣装，各有本色，不敢越外。"❶然而反观宋代人的社会生活记载，却发现"僭越"无处不在。赵彦卫在《云麓漫钞·卷四》中说"至渡江，方着紫衫，号为'穿衫尽巾'，公卿皂隶，下至闾阎贱夫，皆一律矣。"南宋名臣梁克家记闽地三十年以前的风俗，"自缙绅而下，土人富民胥吏商贾皂隶衣服递有等级，不敢略相陵躐。士人冠带或弱笼衫，富民、胥吏、皂衫，贩下户白布襕衫，妇人非命妇不敢用霞帔，非大姓不敢戴冠用背子（即褙子）……三十年来渐失等威，近岁尤甚。农贩细民至用道服、背子、紫衫者，其妇女至用背子霞帔。"

这些风气都被写进诗词歌赋中，辛弃疾的《鹊桥仙（为岳母庆八十）》中写道："胭脂小字点眉间，犹记得、旧时宫样。彩衣更著，功名富贵，直过太公以上。"欧阳修的《好女儿令》："眼细眉长。宫样梳妆。""宫样"即皇宫中流行的样式，由显贵之人从宫中流传至民间，甚至民间首饰珠翠交易"必言内样"以提升售卖率和溢价率，正如《宋史》中所记载："淳熙二年，孝宗宣示中宫苎衣曰：'珠玉就用禁中旧物，所费不及五万，革弊当自宫禁始。'因问风俗，龚茂良奏：'由贵近之家，仿效宫禁，以致流传民间。粥簪珥者，必言内样。彼若知上崇尚淳朴，必观感而化矣。臣又闻中宫服浣濯之衣，数年不易。请宣示中外，仍敕有司严戢奢僣。'宁宗嘉泰初，以风俗侈靡，诏官民营建室屋，一遵制度，务从简朴。又以宫中金翠，燔之通衢，贵近之家，犯者必罚。"

种种现象追究原因，推断有四：

第一，商贸发展与物质丰富。宋代商品经济的繁荣和商贸活动的活跃，极大地推动了社会财富的积累。百姓生活水平提高，购买力增强，使更多人有能力追求并模仿宫中流行的服饰样式（即"宫样"）。这种趋势下，不仅宫廷内的奢华风尚得以在民间流传，而且市场需求也刺激了工艺技术和设计水平的进步。

第二，文化导向与审美影响。宋代以文治国，崇尚儒学，强调道德教化与文化修养，这体现在社会生活的各个方面，包括衣着打扮上。统治者对于文化艺术的重视及对文人士大夫阶层的尊重，使士人文化尤其是儒家美学观深入社会各个阶层，形成了独特而精致的宋韵审美体系，这也为"宫样"在民间的普及提供了文化基础。

第三，政策宽松与民风开放。相较于其他一些重武轻文或严苛控制的社会环境，宋

---

❶ 孟元老. 东京梦华录笺注［M］. 伊永文，笺注. 北京：中华书局，2006：351.

代相对宽仁的统治风格和较为宽松的社会管制，使民间在一定程度上能够自由地追求和展示个人品位，包括模仿皇室和贵族的穿着打扮，这也间接促成了"宫样"的流行。

第四，可追溯到从魏晋南北朝至唐宋时期的中国社会政治结构的显著变化。在魏晋南北朝和唐代，门阀士族势力强大，世袭为官的现象非常普遍，政治地位相对固化，许多家族能够世代居高位，如宰相之职往往在少数几个大家族中传承，常有一门十相的佳话流传。然而到了宋代，这种局面发生了根本性的转变。宋代的政治地位具有明显的流动性，大量非官僚家庭出身的士大夫得以进入仕途，并担任重要职务，甚至官拜宰相。据统计，《宋史》中有传的平民士大夫占比甚至超过了50%，与唐代以权贵子弟为主的情况形成鲜明对比。同时，宋代宰相不再集中于少数几个家族，连续几代为相的家庭数量大大减少。

商品经济发展和市民文化的兴起，传统"士庶天隔"的界限逐渐被打破，科举取士使平民百姓有机会通过科举考试进入官僚阶层，实现了由贱而贵的社会流动。同时，宋代也存在由贵而贱的社会流动现象，即使是曾经显赫一时的家族也可能衰落；反之，新兴力量不断崛起，整体上呈现出更加开放和流动的政治生态。《宋朝事实类苑·卷第二十四》记载宋真宗曾感慨道："国朝将相家，能以身名自立不坠门阀者，唯李昉、曹彬家耳。"宋代"取士不问家世"，淳化三年（992年），朝廷再颁诏令："国家开贡举之门，广搜罗之路，采其乡曲之誉，登于俊造之科……如工商杂类人内有奇才异行，卓然不群者，亦许解送。"❶直至南宋，士人应举几乎没有了出身限制。

宋代是中国科举制度发展的重要阶段，这一时期科举制度进一步完善和普及，为社会各阶层特别是寒门士子提供了通过个人努力进入官僚体系、改变自身及家族命运的机会。这种"学而优则仕"的观念深入人心，极大地激发了社会各阶层对教育和知识的重视程度，读书风气空前浓厚。宋太宗也曾自负地说："朕于士大夫无所负。"❷

科举考试选拔出的大批优秀人才充实到国家各级管理机构中，不仅提升了官员的整体素质，也促进了文化的繁荣和发展，包括文学、艺术、科技等领域都得到了显著提升。同时，由于科举制度相对公平公正，广大士人对朝廷产生了较强的心理认同感和向心力，有利于维护社会稳定和中央集权的加强，对于赵宋王朝三百余年的长治久安起到

---

❶ 徐松，等. 宋会要辑稿［M］. 北京：中华书局，1997：4490.

❷ 黄以周，等. 续资治通鉴长编［M］. 顾吉辰，点校. 北京：中华书局，2004：547.

了重要的支撑作用。

　　文人阶层的社会地位被提升到了前所未有的高度，他们的生活方式、思想观念和审美情趣深刻影响了整个社会。由于理学的兴起以及科举制度的完善，士人尤其是通过科举考试取得功名的文人士大夫受到了广泛的尊重和推崇。在这种文化背景下，文人的服饰风格成为一种社会风尚的引领者。他们追求内敛、含蓄、淡雅的着装美学，崇尚简洁而不失风度，讲究内涵与气质的外在体现。这种风尚逐渐渗透到百姓群体中，普通民众开始模仿文人的穿着打扮，使文人的服饰风格成为当时社会的一种流行趋势。这一现象也从侧面反映了宋代时期社会风气的开放和多元性，以及儒家"修身齐家治国平天下"理念下对文人士大夫道德品质和社会影响力的重视。

3. 寄情山水

　　宋代士人的山水田园休闲活动，是一种精神上的暂时抽离与心灵上的深度沉浸。他们通过远离尘世的喧嚣和政治生活的繁杂，投身于自然山水、田园诗画般的环境中，追求一种返璞归真、宁静致远的生活状态。这种休闲方式不仅是对个人情感的抒发与寄托，更是当时文人士大夫群体对自然美、生活美的一种深入理解和体验，是宋代崇尚自然审美与生活美学相结合的重要表现。

　　在这一过程中，宋代文人们常常以山水、花鸟等自然元素为创作素材，通过诗词歌赋、书画艺术等形式，寓言寄意，将个人的抱负理想、人生哲理以及淡泊超脱的情趣巧妙地融入其中，形成了具有鲜明时代特色的山水田园诗画作品。是以此，宋代有许多的山水花鸟名作流传于世，皆能很好地反映宋韵意趣，这些作品不仅丰富了中国传统文化的艺术宝库，同时也生动展现了宋代士人的精神风貌和高尚情操。

　　"江山风月，本无常主，闲者便是主人"的精神使宋代画作常有松弛感。在中国绘画艺术的深远脉络中，"逸人图"与"高士图"这一独特题材承载了深厚的文化内涵与精神寄托。这些作品犹如历史长河中的璀璨明珠，生动刻画了读书人不拘于世俗、崇尚自然与内心自由的生活风貌及高雅情操，自唐宋以降，此类画作随着文人画思潮的勃兴而愈发凸显其独特的艺术魅力和人文深度。

　　此类绘画不仅细腻再现了士大夫阶层在山水田园间的琴棋书画、啸歌咏志等超凡脱俗的生活场景，更是艺术家们通过对古代贤哲典故的再创造与演绎，借古喻今，抒发对人生理想境界和道德追求的深刻思考。无论是出于时局动荡下的无奈选择，还是主动秉持"达则兼济天下，穷则独善其身"的处世哲学，如陶渊明般淡然归隐的形象，都在画

卷中被赋予了永恒的生命力，成为知识阶层在纷扰尘世中坚守人格独立与精神超拔的理
想象征。画面中的人物刻画往往闲散舒适，所着服装也松垮坠然，全然没有刻板印象中
的古板形象（图2-3-3、图2-3-4）。

图2-3-3　[南宋]马麟《静听松风图》❶　　图2-3-4　[南宋]赵伯驹《停琴摘
阮图》❷

❶ 台北故宫博物院藏。绢本，立轴，设色，226.6厘米×110.3厘米。图中，深山流水间，一高士憩坐两株古
松间，侧首凝神谛听，背后松针及藤萝随风扬起。虬曲的古松与斧劈描绘的巨石，俱是马派画法。晋朝大
画家顾恺之曾云："手挥五弦易，目送飞鸿难。"这幅画生动地表现出眼睛凝神倾听松风之神情，真更胜一
筹矣。右上方有理宗"静听松风"四字，左下方有"臣马麟画"的署款。北宋时，人在山水画中是过客，
但在南宋，山水之间的交流却成为绘画的主题。

❷ 台北故宫博物院藏。绢本，立轴，设色，125.7厘米×51.2厘米。此幅写松石间瓜果堆盘，一人袒衣席地
拨阮咸，一人背坐握羽扇倾听，横琴于膝，服装斜挂在身上，穿着者追求个性表达和精神层面的无拘无
束，恣意挥洒、不受限于框格约束。二童子捧壶执卷。人物、配景俱用勾勒填彩法敬谨写就，间或辅以胡
粉重提、晕染，黑白相映，分外照人眼明。

这些画作透过精湛的艺术表现手法，将中国传统文化中的隐逸思想与道德伦理内化为一种文化符号，深深烙印在历史的记忆中。它们所传递的不仅仅是对于名利淡泊、洁身自好的道德诉求，更是历代读书人在不同社会环境和个体命运下对生活意义的深刻探寻与独特诠释，从而不断激发着后世人们对高尚品格与精神自由的永恒向往（图2-3-5）。

图2-3-5 ［宋］佚名《梧阴清暇图轴》❶

---

❶ 台北故宫博物院藏。绢本，立轴，设色，50.1厘米×41.1厘米。图绘庭园桐树下，桌案陈设画幅正中，山水屏风列于其后。文士四人，有的罢读闲谈、剔牙相对，有的倚靠于树下观赏画卷。另有仆侍三人，分作手执宫扇、整理巾服及削瓜果状。自唐代阎立本受命画秦府《十八学士图》以来，该图即为历代画家竞相仿效的题材。唐时似以个人立身肖像的形式为主，宋代开始出现了琴、棋、书、画、品茗、赏古、清谈等形式，以表达文人生活雅趣之象征。这种情节铺叙方式，同时也为元、明代所传承延续。

4. 民族融合，互构共生

宋朝从建立初年便面临着内外交困的局面。在经历了五代十国的混乱与割据之后，北宋统治者深刻认识到恢复和强化中央集权、重建道德伦理秩序的重要性，为了稳固政权基础，赵匡胤（宋太祖）通过"杯酒释兵权"等一系列政治手段，削弱了武将势力，转向文人治国，强调以儒家思想为核心的文化教育和科举制度来重塑社会价值观。

同时，在军事压力下，宋朝不得不面对来自北方及西北边疆民族政权的挑战，这使文化重建工作与国防安全紧密相连。通过倡导以德治国、内修文德，外服远人的理念，宋朝试图在强敌环伺的情况下，借助文化的力量维系中原文明的传承与发展，尽管在实际的对外政策上并未能完全避免战争与冲突。

历史上，赵宋王朝在军事力量的展现上，相较于盛唐时期，更多时候被贴上了"弱宋"的标签，尤其在其与北方辽、金等少数民族政权的多次交锋中，往往处于战略被动地位。为维持边境安宁与国家稳定，宋朝政府采取了通过定期向周边异族政权缴纳"岁币"以换取和平共处的策略。

在绵延三百多年的统治历程中，宋朝所处的时代独特而复杂：中国大地并未呈现单一帝国独领风骚的局面，而是分裂为多个具有各自鲜明种族血统和文化认同的国家，各个国家内部都建立起了独立且中央集权的官僚体制治理结构，形成了一种多元并存的政治格局。在宋代以前，各少数民族主要聚居于中原王朝周边地带，民族间的地域界限相对清晰。随着历史车轮的滚动，至宋朝时期，北方的契丹、女真等少数民族势力逐渐壮大，并且活动范围显著扩大，不再局限于传统的边疆地区，而是深入中原核心区域。

恰如《哈佛中国史》所说：从所处的地缘政治的优势地位来说，宋代的历史可以被当作一个地方主义范例来研究。宋代的民族格局演变为服饰文化交流提供了前所未有的外部条件。尽管宋、金两国在政治上存在对立和冲突，但民族间实际接触与交流的机会却显著增多。经过唐、五代时期的频繁民族交融与互动，到宋代时，中国迎来了一个崭新的民族融合局面，各民族之间的相互影响和文化交融达到了前所未有的深度。这一时期，不同民族的服饰文化也随之发生了深刻的交流和碰撞，促进了中华服饰文化的多元发展和创新，也使宋代服饰文化呈现出鲜明的民族交融特点。

宋辽两国在1005年签署两则盟约，史称"澶渊之盟"，宋辽两国成为兄弟国，辽圣宗因年龄较小而尊宋真宗为兄。誓书有云"以风土之宜，助军旅之费，每岁以绢二十万匹、银一十万两，更不差使臣专往北朝，只令三司差人般送至雄州交割。沿边州军，各守疆界，两地人户，不得交侵。或有盗贼逋逃，彼此无令停匿。至于陇亩稼穑，南北勿纵惊骚。所有两朝城池，并可依旧存守，淘壕完葺，一切如常。即不得创筑城隍，开拔河道。誓书之外，各无所求，必务协同，庶存悠久。自此保安黎献，慎守封陲，质于天地神祇，告于宗庙社稷，子孙共守，传之无穷。有渝此盟，不克享国。昭昭天监，当共殛之。"

之后，在澶渊之盟的基础上，岁币数额发生过至少一次显著增加：1042年（宋仁宗庆历年间），由于宋与西夏冲突加剧，辽借机施压，迫使宋朝再次增加岁币，史称"庆历增币"。这次增币使宋对辽的岁币进一步提高，但具体增加到多少历史上有不同的记载，有的资料指出宋给辽的岁币提高到每年绢30万匹、银20万两。

除此之外，宋朝在与北方其他政权如金的关系中，也有类似岁币的约定，并且随着时局变化而有所调整。靖康之变（1126—1127年）后，北宋灭亡，南宋建立。在南宋初期，尤其是在1141年签订的《绍兴和议》中，宋高宗赵构被迫向金国称臣，并且规定宋朝皇帝继位须得到金国的册封，同时支付大量岁币。这一时期，宋朝实际上处于金国的从属地位。宋孝宗时期签订的《隆兴和议》（1164年）中，规定南宋对金不再称臣，而改称为"侄皇帝"，金朝则称为"叔皇帝"。这一称呼上的改变意味着两国关系从原来的君臣之国转变为名义上的亲属关系，但实质上仍然体现了南宋相对于金朝的弱势地位，并通过岁币等条件维持了和平共处的局面。

即便如此，元朝人所撰写的《宋史》依然评价宋朝说："宋于汉、唐，盖无让焉。"《续资治通鉴长编·卷七〇》中记载，宋朝人自己也曾做过一番成本—收益计算，结论是"国家纳契丹和好已来，河朔生灵方获安堵，虽每岁赠遗，较于用兵之费不及百分之一"❶；宰相富弼也认为"岁遗差优，然不足以当用兵之费百一二焉。则知澶渊之盟未为失策"❷。

宋朝在军事力量和领土扩张方面确实表现得相对较弱，其战略创新也未能有效抵挡

❶ 徐松. 宋会要辑稿［M］. 北京：中华书局，1957：1578.
❷ 徐松. 宋会要辑稿［M］. 北京：中华书局，1957：3640.

外族的侵扰，最终被外族所灭。它的衰落有多因素交织，其中对内政文化的极度重视以及重文抑武政策导致军事力量相对薄弱是重要因素。这一政策倾向虽然造就了宋朝文化、教育、科技和经济的高度繁荣，但也形成了"强干弱枝""守内虚外"的格局，使国家在面临外部威胁时缺乏足够的军事实力来保卫疆域。

尽管如此，宋代在文化和哲学上的成就却无可匹敌，被誉为中华文明历史中的文化盛世。它不仅是儒家思想发展的重要阶段，程朱理学等新儒学流派在此时期兴起并深深影响后世，而且在文学艺术、科学技术、印刷出版、商业贸易诸多领域取得了卓越的成就。这种人文精神的鼎盛和市民社会的发展，为中华民族的精神内涵和社会结构注入了新的活力，并奠定了此后中国封建社会长期稳定的基础。

总体来看，宋朝是中国历史上一个独特的朝代，虽在军事上显得软弱，但在文化繁荣与内在治理上却创造了辉煌的一页，对中国乃至世界历史产生了深远的影响。即便是对宋朝最虎视眈眈的敌人，辽、金等，也倍加推崇宋朝文化。例如，金朝学者赵秉文（1159—1232）号为金末文宗，研治理学，标榜继承周敦颐和二程。他认为"遏人欲、存天理"是"周、程二夫子绍千古之绝学，发前圣之秘奥"。

由于与北方的辽、金等政权长期对立，尽管武力疲弱这一现实并未普遍被视为社会耻辱，甚至在某种程度上被认为是维持和平局面的一种策略，但这种状况却反映了深层次的矛盾，尤其南渡之后，"天无二日，民无二主"的帝王信念彻底破灭。一方面，宋代帝王出于强化皇权正统性的需要，迫切希望展示自己"秉承天命"的权威；另一方面，士大夫阶层则致力于维护和彰显儒家文化的纯正性与主导地位。这导致宋朝对待服装的态度一个是"复古"，一个是"禁胡"。

宋朝对古代文化传统的复兴体现在多个方面，如大力提倡儒家经典的学习与研究，推动儒学教育普及，并且鼓励士人通过著书立说、改革礼制来实现文化的正统化与规范化。这一时期的尚古运动不仅是为了恢复历史上的文明秩序，更是在寻求一种理想的社会模式和国家治理方式，试图通过回归古代圣贤之道来解决现实问题，提升国家的文化软实力和社会凝聚力。

自宋朝立国之初，朝廷就对少数民族服饰的流入采取了严格的限制措施，其中包含了对胡服的禁止政策。例如，宋徽宗多次发布政令以抑制胡服的流行。然而，即便如此，胡服文化仍然在各个社会阶层中悄然渗透并逐渐流行开来，形成了与官方态度相悖的社会风尚。

北宋时期禁胡令频出：庆历八年（1048年）"诏禁士庶效契丹服及乘骑鞍辔、妇人衣铜绿兔褐之类"❶。大观四年（1110年），下令禁止京城内外裔形制的人穿着毡笠、战袍、蕃束带等衣物，以此来保护当时的文化和社会秩序，宋儒朱熹曾论及宋人服饰制度，有言："而今衣服未得复古，且要辨得华夷"❷，可见，以儒立世的宋朝社会无论是在国家制度层面，还是士人心中都认为华夷有别，追求汉民族正统性的精神诉求尤为强烈。直至南渡，经历了中国历史上皇族最大的耻辱之后，宋朝对于维护汉民族"文化正统"地位执念更甚，宋孝宗隆兴元年（1163年）八月，朝廷"禁士庶服饰侈异及归正人胡服"。❸如《续资治通鉴》记载，孝宗乾道（1165—1173年）四年，臣僚言："临安府风俗，自十数年来，服饰乱常，习为边装……中原士民，延首企踵，欲复见中都之制度者，三四十年，却不可得；而东南之民，乃反效于异方之习而不自知。"❹淳熙（1174—1189年）时风气仍有增无减，大臣袁说友上奏曰："今来都下衣冠服制习为虏俗……紫袍紫衫必欲为红赤紫色，谓之顺圣紫。靴鞋常履必欲前尖后高，用皂革，谓之不到头。巾制则辫发低髻，为短统塌顶巾。椊篗则虽武夫力士皆插巾侧……身披虏服而敢执事禁庭。识者见之，不胜羞恨。"奏中提到不仅服装制式、颜色、鞋帽等都明显受到了异域文化的影响，甚至包括武夫力士在内的群体也纷纷效仿，将巾带侧插。

对于那些在官场执事却身穿具有异族习俗服饰者，社会舆论表达了批评态度，认为这违反了传统礼制。面对这样的情况，一些通晓礼义之人深感羞愧与愤慨，无一字不是对传统礼制混乱的担忧。然这种担忧似乎只弥散于执着于儒家礼教的士大夫中，长期的共同生活和文化交融显然对民间的侵蚀作用更大，吴梦窗《玉楼春·京市舞女》写道："茸茸狸帽遮梅额，金蝉罗翦胡衫窄。乘肩争看小腰身，倦态强随闲鼓笛。问称家住城东陌，欲买千金应不惜。归来困顿殢春眠，犹梦婆娑斜趁拍。"沈括在《梦溪笔谈·卷一》中提道："中国衣冠，自北齐以来，乃全用胡服。窄袖、绯绿短衣、长靿靴、有蹀躞带，皆胡服也。窄袖利于驰射，短衣长靿，皆便于涉草。"《朱子语类》中

❶ 脱脱，等. 宋史 [M]. 北京：中华书局，1997：937.
❷ 黎靖德. 朱子语类 [M]. 王星贤，点校. 北京：中华书局，1986：2328.
❸ 汪圣铎. 宋史全文（七）[M]. 北京：中华书局，2016：1980.
❹ 毕沅. 续资治通鉴 [M]. 北京：中华书局，1957：359.

记录朱熹也曾说过："今世之服，大抵皆胡服，如上领衫、靴鞋之类，先王冠服扫地尽矣。"

不仅宋朝汉族服装受到异域文化浸染，辽金等地亦然。《续通志·卷五十·金纪四》记载金世宗（1123—1189）也曾对女真人的汉化颇有感怀："自海陵迁都永安，女真人寝忘旧风……今之燕饮音乐，皆习汉风，盖以备礼也。"金代冠服，颇效华风，帝王百官服饰制度与宋人相仿。

在金朝入主中原之后，中原汉文化对女真人产生了深远的影响。尤其是在服饰文化方面，随着民族交流的加深和融合趋势的发展，女真人逐渐开始仿效汉人的穿着习惯和服饰样式。到了金熙宗时期（1135—1149 年在位），这一过程加速推进，上层贵族不仅在政治体制、礼仪制度上借鉴汉族王朝的做法，也在个人装束上积极吸收汉文化的元素，追求更加华丽、精致且符合汉人礼制的服饰风格。《大金国志·卷十二·熙宗孝成皇帝四》有记载称熙宗："得燕人韩昉及中国儒士教之，后能赋诗染翰，雅歌儒服，分茶焚香，弈棋象戏，尽失女真故态矣。视开国旧臣，则曰：'无知夷狄。'及旧臣视之，则曰：'宛然一汉户少年子也。'"并言及"颁行《皇统新律》千余条。《新律》之行，大抵依仿大宋"。

到海陵王时，史书中也记载了海陵王对宋朝传统服饰礼仪以及社会文化风貌的仰慕之情："见江南衣冠文物，朝仪位著而慕之。"这一时期，女真人包括着装在内汉化趋势非常明显。金世宗是个民族性极强的皇帝，他在位时大兴祖业，为保护女真的旧俗，《金史·本纪第八·世宗下》记载金世宗于大定二十七年（1187 年）颁布命令，"禁女直（即女真）人不得改称汉姓、学南人衣装，犯者抵罪。"泰和七年（1207 年），章宗勒令女真人不许穿汉人衣服，并规定"违者杖八十，编为永制"。金世宗和章宗时，已经开始通过法令来禁止女真人着汉服来保持女真人习俗，这从反面证实了女真人着衣开始汉化。但是，汉化的趋势是不可阻挡的。章宗时期仿照汉制制定了服饰制度，《金史·卷四十三·志第二十四·舆服》中记载："章宗时，礼官请参酌汉、唐，更制……"其中包括天子衮服、视朝之服、皇后冠服、皇太子冠服、宗室及外戚并一品命妇服、臣下朝服、祭服、公服以及金人的常服，还规定了妇人首饰，兵卒、奴婢穿戴。明昌年间，章宗曾经问宰相："今风俗奢靡，莫若律以制度，使贵贱有等。"由此可看出，章宗时，风俗奢侈，反映在着装上也是追求奢华的，所以章宗想用按等级制度规定服饰级别来有限地阻止奢侈之风气。

然而，尽管"中国不与戎狄共礼文"之声斐然，相交的边境和数百年共同生活的基础，繁华的贸易终是促成了文化耦合的局面，《东京梦华录》中记载了大辽国副使穿戴与汉服相似的展裹金带样式，遵循汉式礼仪行拜的场面。

正旦大朝会，车驾坐大庆殿，有介胄长大人四人立于殿角，谓之"镇殿将军"。诸国使人入贺。殿庭列法驾仪仗，百官皆冠冕朝服，诸路举人解首，亦士服立班，其服二梁冠、白袍青缘。诸州进奏吏，各执方物入献。诸国使人，大辽大使顶金冠，后檐尖长，如大莲叶，服装窄袍，金蹀躞，副使展裹金带，如汉服。大使拜则立左足，跪右足，以两手着右肩为一拜。副使拜如汉仪。夏国使副，皆金冠、短小样制服、绯窄袍、金蹀躞、吊敦背，叉手展拜。高丽与南番交州使人，并如汉仪。回纥皆长髯高鼻，以匹帛缠头，散披其服。于阗皆小金花毡笠、金丝战袍束带。

正旦，即农历新年之首日，朝廷举行盛大的朝会，以示新岁伊始，国泰民安。皇帝乘坐御辇抵达大庆殿，端坐于皇位之上，接受百官及各国使者的朝贺。殿角站立四位身材高大、身披甲胄的武官，被称为"镇殿将军"，负责维护朝会秩序与皇室安全。文武百官均穿着正式的冠冕朝服出席朝会，显示朝廷的庄重与威严。各地科举考试中获得解元（第一名）的举人，也以士人的身份列班参加朝会。他们身着二梁冠（士人所戴的一种官帽），身穿白袍，边缘饰以青色，以此彰显其儒雅风范和学识地位。

大辽国的大使头戴金冠，后檐尖长形似大莲叶，身穿窄袍，腰系金蹀躞（一种悬挂于腰带上，用于挂佩刀、算袋等物品的带饰）；副使则穿戴类似汉族的服饰，展裹金带，行汉式跪拜礼。西夏国的使节与副使同样头戴金冠，但样式短小，身穿绯色窄袍，腰系金蹀躞。他们行礼时采用"吊敦背、叉手展拜"的方式，即背部微躬、双手交叉于胸前，然后展开双臂行拜礼。高丽、南番交州使节遵循汉式礼仪，服饰与拜礼与中原相似。回纥人特征明显，长髯高鼻，以匹帛缠头，衣袍宽松，散披于身，展现出其民族特有的服饰风格。于阗使节头戴小金花毡笠，身穿金丝战袍，腰束带，其装束融合了地方特色与军事元素，呈现出西域国家的风貌。

这段文字生动再现了正旦大朝会的宏大场面，展示了中国封建社会中皇权的至高无上、官员的等级秩序、士人的荣誉地位以及各地、各国在服饰、礼仪上的多元文化交融。这场朝会不仅是政治仪式，也是文化交流的舞台，体现了中华民族对于周边民族与国家的包容与影响力。

二、显性基因

（一）造型

1. 形制

"上衣下裳"制、"深衣"制和"襦裙"制是汉服体系中的三种主要形制，它们分别代表了中国传统服饰在不同历史时期和社会功能上的发展与演变。

（1）上衣下裳制

这是最早的汉族服装形制，起源于先秦时期，《周礼》中有详细记载。东汉刘熙的《释名·释衣裳》："上曰衣，衣，依也，人所依以庇寒暑也；下曰裳，裳，障也，所以自障蔽也。"上衣是指穿在上身的短衣，多为直领对襟或交领右衽；下裳则是指围于下体的裙子，早期的裳类似于今天的围裙，由前后两片组成，不缝合到一起。这种分离式的设计象征天人合一的思想，上衣代表"天"，下裳代表"地"。

（2）深衣制

深衣来源于《礼记·深衣》篇所述的一种将上衣与下裳连为一体的长袍式服装，它体现了儒家崇尚的中庸之道和和谐之美。深衣的特点在于上下连属，裁剪时前后衣片各分为三部分，象征一年四季，左右两侧又各自分裁，象征十二个月份，整体结构蕴含着天人相应的哲学理念。深衣既用于日常穿着，也是古代士人祭祀、典礼等正式场合的重要礼服。

《宋史》有记载："中兴，士大夫之服，大抵因东都之旧，而其后稍变焉。一曰深衣，二曰紫衫，三曰凉衫，四曰帽衫，五曰襕衫。"❶深衣，是中国古代汉服体系中的一种重要礼服样式，尤其在宋代时期受到士大夫阶层的广泛穿着。其制作采用白细布料，裁剪时使用指尺进行精确测量。整体结构上，深衣由四幅布料拼接而成，长度超过腰部两侧至胸部以下；下摆部分则连接裳片，裳片通常由十二幅布料交接、拼接，上端与上衣相连，下摆长度及脚踝。

深衣的设计细节独特，袖口呈圆形（圆袂），领口为方形（方领），裙裾设计成曲裾形式，并以黑色丝线镶边（曲裾黑缘）。配饰方面，士大夫在冠昏（婚嫁）、祭祀、日常家居（宴居）以及各种社交场合（交际）穿着深衣时，会搭配大带（宽腰带）、缁冠

---

❶ 脱脱，等. 宋史［M］. 北京：中华书局，1997：3577.

（黑色帽子）、幅巾（头巾）以及黑履（黑色鞋履）。

（3）襦裙制

襦裙是汉服体系中的另一大类，特别流行于魏晋南北朝至唐宋时期。襦即短衣，通常长度较短，不及膝部；裙则指的是长裙，襦裙搭配起来穿着，形成了上衣与下裙分开的样式。襦裙可以根据不同的襦（如衫、袄、半臂）和裙（如褶裙、百迭裙、马面裙等）进行变化组合，适应不同季节和场合的需求。相比于上衣下裳制和深衣制，襦裙制在形式上更为灵活多样，且一直沿用至今，在现代汉服复兴运动中尤为常见（图2-3-6）。

2. 裁剪结构

宋代服装在结构上，多采用中心破缝、两袖接缝的结构形式，即"十字形"结构。主体结

图2-3-6　[南宋]李嵩《听阮图》，台北故宫博物院藏

构通常基于前、后身片和两袖的十字交叉布局，以对折或拼接的方式形成上下连体的一体化衣袍。十字形平面结构的设计强调了服装与人体、天地自然的整体性，体现了中国古代文化中的天人合一理念。服装不是孤立的装饰品，而是个体与宇宙相联系的中介，通过服装的平面展开和穿在身上的立体呈现，象征着人体与外部世界的和谐关系。

（1）阴阳哲学与对称美学

十字交叉的对称形式是中国传统阴阳哲学的具象表达，阴阳平衡、互为依存的概念体现在服装的正反、上下、前后等对立统一的关系上。这种对称美既符合视觉审美的要求，又暗含了古代中国人关于宇宙秩序与生命之道的认识。

（2）礼制观念与等级秩序

服饰的平面结构布局严谨，不同位置的设计细节往往对应着社会等级的不同标识，反映了儒家礼教制度下严格的伦理规范和社会地位划分。例如，衣襟的方向、纹样的使用、色彩的选择等都有特定的规定。

（3）道家思想与自然崇拜

古代服饰结构追求线条流畅、宽松舒适，体现了道家崇尚自然、无为而治的思想。十字结构下的袍服，在裁剪上注重顺应人体曲线，不强求过分修饰，体现出道法自然的精神。

总体而言，古典华服的设计背后蕴含了深厚的文化内涵，通过服饰来表达对自然、宇宙的敬畏与融合。这种服装结构不仅体现了审美追求，更是对中国传统哲学思想的生动表达。在"华夷之辨"的民族意识深刻影响下，中国古代女装的形制设计坚守了汉民族独特的审美理念和文化传承。具体体现在其"十字形"直线平面结构上，这种结构特点表现为中正、对称、均衡、规整且崇尚简约之美，与少数民族服饰多采用分片拼接以强调实用性和机能性的特点形成了鲜明对比。

3. 整体风格

北宋时期，承袭唐制，比较偏爱阔衣大袖。沈从文在《中国古代服饰研究》一书中，提到敦煌莫高窟第61窟壁画中男女衣着都是晚唐式样，和唐代敦煌壁画所描绘形象出入不大（图2-3-7）；并记："南宋初，陆游《入蜀记》卷六，记在川江新滩见负水女子，'未嫁者，率为同心髻，高二尺，插银钗至六只，后插大象牙梳，如手大'。"他提到，在中原大都市，其中一种式样宋初即已经有了很大的变化，或仅限于盛装官服使用，其他式样在北宋中期也已少用，但在边远地区，直到南宋初年，"民间还多相沿成俗"[1]。足可见服饰变迁不仅受朝代更袭影响，更是受地缘影响。

进入南宋时期，在着装观念方面，"求简从便"的思想进一步深入人心。同时，社会审美的趋势转向对女性体态柔美纤细的追求，即所谓的"腰肢纤袅"。这两种思潮共同推动了南宋女装在形制尺寸上的显著变革，展现出强烈的创新精神和时代特征。相比于北宋时期较为宽松舒适、"疏阔宽适"的风格，南宋女装明显走向更为紧致修身、线条流畅的"峭窄化"设计[2]，这一转变体现了宋代女性服饰审美标准的变化，也是中华传

---

❶ 沈从文. 中国古代服饰研究［M］. 北京：商务印书馆，2011：479.
❷ 张玲. 南宋女装形制风格研究［D］. 北京：北京服装学院，2018.

图2-3-7　[宋]敦煌莫高窟第61窟壁画，耕地、收割、扬场中的折上巾或笠子帽、圆领缺胯衫子农夫和短襦、长裙农妇

统服饰文化与时俱进、不断演进的生动例证。

另外，南宋学者周辉在《清波杂志》中论述，"辉自孩提，见妇女装束数岁即一变，况乎数十百年前，样制自应不同。如高冠长梳，犹及见之，当时名大梳裹，非盛礼不用。若施于今日，未必不夸为新奇。"❶可见当时宋代女性对服饰的追求及流行趋势变化的迅速，不仅展现了宋代女性对服饰潮流的敏锐感知和追求，也反映了宋代社会对于时尚与审美的开放态度以及服饰文化的历史动态性。

4. 造型细节

（1）交领

交领是指上衣的左右两襟在颈前相交叠，通常左衽压右衽（即左襟盖过右襟）或右衽压左衽（部分少数民族或某些特殊场合），这样的设计能够自然形成"Y"字形的领口。交领的特点是不仅体现了中国古代服装美学和礼仪制度，而且与西方服饰中的翻领等样式有显著区别（图2-3-8）。

---

❶ 周辉. 清波杂志［M］. 上海：上海古籍出版社，2012：121.

图 2-3-8　[宋] 素罗交领袖衫，金坛博物馆藏

（2）右衽

右衽是中国传统服饰中一个重要的特征，它特指汉服（尤其是上衣、大褂或礼服）前襟开衩的方向。衽是指衣服前边交叠的部分，右衽即衣服的前襟向右掩，左襟覆盖在右襟之上。在中国传统文化中，右衽是正统和规范的穿着方式，体现了"以右为尊"的观念，广泛应用于汉族以及其他受汉文化影响的民族的传统服装中。西部和北部某些游牧民族与中原地区的汉族有着长期的文化交流和冲突融合的历史，流行左衽，在《后汉书·西羌传·滇良》有记载："羌胡被发左衽，而与汉人杂处。"

右衽不仅体现在日常服饰上，更是在礼仪场合如丧葬仪式中的寿衣、祭祀时的祭服等严格遵循的标准。这与古代中国的哲学思想、宇宙观以及社会伦理秩序紧密相关。也有现代研究认为，右衽的形成可能也与古人右手习惯于从事主要活动有关，使右衽更为方便实用。同时，在中国古代阴阳学说中，右属阳、左属阴，故也有将右衽视为阳刚之气的表现之一。

（3）对襟

对襟的特点是上衣的前襟左右两片对称相合，从颈部垂直向下延伸到衣襟底部，形成中央对称的开口（图 2-3-9）。

（4）圆领

诸多文献事论皆考证圆领袍服源自中亚地区胡人的服饰，可以追溯到粟特商人，他

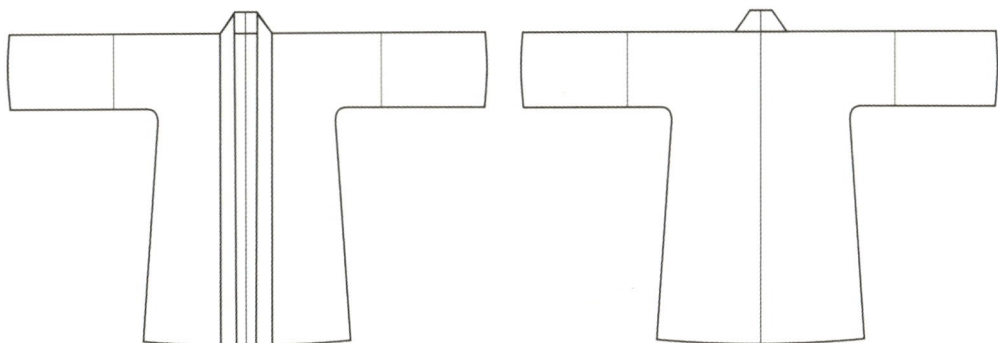

图2-3-9　对襟直领形制款式图

们从撒马尔罕等地带来商品的同时，也将包括圆领袍在内的异域文化带到了中国北方地区，被当时的北朝鲜卑统治者接纳并流行开来，是民族融合的产物。

宋制的圆领袍服较唐制增加了内着交领直裰（即直身袍），比较有层次感，下摆一般设有横襕，这是对古代深衣制度的一种传承和演变。圆领襕衫是宋代时期各阶层人士普遍穿着的一种服饰，一般分为大袖广身和窄袖紧身两大类。

（5）方心曲领

方心曲领是中国古代服饰中的一种特定部件，主要应用于宋明两朝官员的官服。它是一种位于圆领袍内的衬领，由硬质材料如竹、木等制作框架，外覆丝绸，呈方形，并且在前方中心部位有一个微微向内弯曲的设计，故得名"方心曲领"。

方心曲领作为官服的一部分，具有显著的象征意义和等级区分作用。其设计来源于对古制深衣的继承与创新，方正之心寓意官员应秉持公正廉洁之心，而曲领则体现了对传统礼制的遵循，也昭示了道家天圆地方的宇宙观。不同级别的官员在方心曲领的颜色、材质以及图案上都有严格的规定，以体现封建社会的尊卑秩序（图2-3-10、图2-3-11）。

图2-3-10　[南宋]赵构《宋高宗书孝经马和之绘图册：卿大夫章第四》（局部），台北故宫博物院藏

图2-3-11　[宋]佚名《宋宣祖坐像》，台北故宫博物院藏

5. 款式

（1）衫

衫类在宋代是男女通用的服饰之一，在南宋人民的日常衣装中扮演着重要角色，因其适应性广泛、穿着场合较为随意而备受青睐。其材质通常选用轻薄透气的纱或罗，设计上多为直领对襟，衣长适中，略短于褙子但长于短襦，两侧开衩便于活动。女装衫子的独特之处在于其领部装饰，往往采用精美华丽的"领抹"，即以销金（金线刺绣）或精致刺绣工艺进行装饰，成为整个衫子的亮点所在。

《新唐书》记载："中书令马周上议：'《礼》无服衫之文，三代之制有深衣。请加襕、袖、褾、襈为士人上服。'"《宋史》中载："襕衫以白细布为之，圆领大袖，下施横襕为裳，腰间有襞积。"可见，圆领襕衫的款式既有宽袖广身型，又有窄袖紧身型，并与交领宽衫构成文人主要的日常服饰（图2-3-12~图2-3-14）。

在领子方面，图2-3-12这款交领夹衫形制简洁，交领、右衽、长窄袖，采用对幅式裁剪❶，领口和袖口缘饰为浅黄色素罗，由图片中可以清晰看出衣身以下左右开衩，右衽斜襟和腋下有扣和扣袢，用于固定内、外襟。面料图案为花卉方胜如意纹，呈菱形的方胜内填四合如意云头，四周装饰花叶花卉。南宋时期，具有写生花卉艺术风格的衫袍亦多常见（图2-3-15）。

图2-3-12　花卉方胜如意纹绸❷交领夹衫

❶ 对幅式裁剪是中国传统服饰裁剪工艺中的一种方式，尤其在汉服制作领域较为常见。它主要指的是根据布料的幅宽（即布料未剪开前的宽度）来裁剪，而不是随意切割布料。具体操作时，裁缝会将整匹布料按照其自然幅宽对折，然后根据设计好的服装样式，在折叠线上裁剪。这样裁出的衣片是对称的，可以用于制作对襟、直领等具有明显对称特征的上衣或裙子等服饰。对幅式裁剪不仅能充分利用布料，减少浪费，还能保证衣物结构的对称美感和稳定性。

❷ 绸，在中国古代，是指一种较为粗糙的丝织品，通常是由较粗的蚕丝或较差品质的丝线织成。绸的质地不如细密丝绸柔软光滑，相较于高档的丝绸面料更为经济实用，因此多用于制作普通衣物、帷帐或者作为衬里等。在古代文献中，绸有时也被用来代指一般的布料。清代任大椿《释缯》："绸质粗大，次于罗绢，故以之作巾，次于冪弁也。"意思是说"绸"的质地相对粗糙且厚重，在品质上位于罗和绢之下。唐代李白《村居苦寒》亦写过："褐裘复绸被，坐卧有余温。"描绘了一幅在严寒之中，诗人以厚重的褐色皮袍（褐裘）和绸制被子来抵御寒冷，即便是坐卧之间也能感受到温暖的画面。这里，"绸被"即由绸这种材料制成的被子，强调了其保暖性良好。

图2-3-13 ［南宋］交领莲花纹亮地纱袍❶

图2-3-14 ［南宋］棕色缠枝牡丹月桂纹罗交领袍❷

❶ 浙江黄岩南宋赵伯澐墓出土，台州市黄岩区博物馆藏。直领大襟，通袖长270厘米，腋下有纽襻。

❷ 江苏周塘桥南宋纪年墓出土。图片来源：常州博物馆"南宋芳茂——周塘桥南宋墓出土文物特展"。

图2-3-15 ［南宋］圆领梅花纹罗夹衫，浙江黄岩南宋赵伯澐墓出土，台州市黄岩区博物馆藏

在袖子方面，大袖并非独立穿着，而是与长裙、霞帔程式化搭配，构成一套完整的服饰系统[1]（图2-3-16～图2-3-18）。

图2-3-16 ［南宋］素罗大袖衫，江西德安周氏墓出土，德安县博物馆藏

---

[1] 张玲. 南宋女装形制风格研究［D］. 北京：北京服装学院，2018.

图2-3-17　[南宋]等裾式❶大袖，福建福州黄昇墓出土

图2-3-18　[宋]错裾式❷大袖，福建福州茶园村宋墓出土

---

❶ 等裾式大袖是中国古代服饰中的一种设计风格，具体指的是服装下摆（裾）的长度在前后左右四个方向上基本保持一致的大袖款式。这种设计多见于唐宋时期的女性礼服或贵族日常穿着，尤其是在唐代盛行的齐胸襦裙、袒领袍以及宋代的部分褙子和对襟长袄等服饰上。

❷ 错裾指的是衣服下摆部分前后左右的交叠设计，这种设计使服装在行走或转身时能够自然流畅地飘动，非常符合宋代追崇的仙气飘逸之感。图片来源：福建福州茶园村宋墓；福州市文物管理局．福州文物集粹[M]．福州：福建人民出版社，1999：80．

从福建福州黄昇墓出土文物中可以看出，广袖袍的剪裁有钝角亦有圆角（图2-3-19、图2-3-20）。

图2-3-19　[南宋]烟色罗广袖袍（上）、浅褐色罗镶花边广袖袍（下），福建福州黄昇墓出土

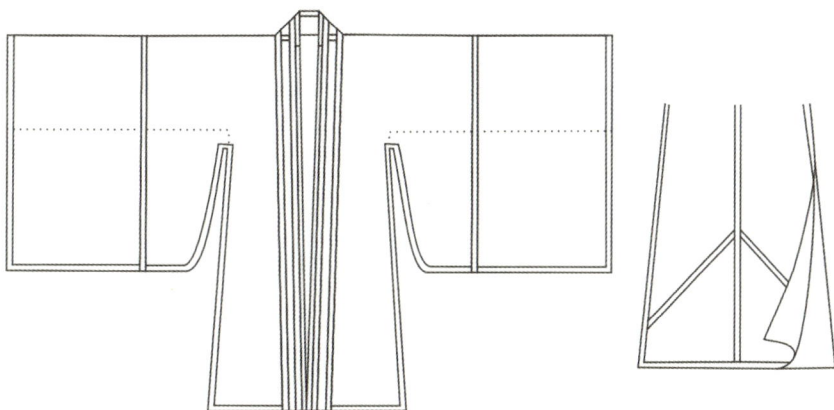

图2-3-20　褐黄色罗镶花边广袖袍正视图及下摆开衩示意图

（2）圆领袍服

宋代圆领袍服，又称圆领衫、盘领衣，宋代男子、女子都多有穿着，是官员和平民日常及正式场合中广泛穿着的一种典型服饰。它体现了宋代服饰简约而不失庄重的特点，是宋代服饰文化中极具代表性的一类服装。圆领袍服的主要特点是领口呈圆形，领圈较紧，有的会设有可解开的护领（领抹），便于穿脱和清洗。袍身长度一般至膝盖或稍下，便于活动，衣摆宽大，有的在袍下摆两侧开衩，便于骑马或行走。圆领袍服的袖型多样，有窄袖和广袖之分，窄袖多用于武官、士卒及侍女等需要活动更加方便的人，图2-3-21中的两位侍女和图2-3-22中的宋仁宗后侍女所着就是圆领窄袖袍服；广袖则常见于文官及士大夫，显示等级身份，如图2-3-22中的宋太宗立像和图2-3-23中人物。

多有学者认为圆领袍源于胡服，即古代中国北方及西域少数民族的服饰。胡服的特点是衣身紧窄、便于活动，如贴身短衣、长裤和革靴等，与汉服早期的宽袍大袖形成鲜明对比。圆领袍作为胡服的一种，在汉文化与周边民族文化交流融合的过程中逐渐被吸收并加以改造，最终成为汉服体系中的一个重要组成部分。圆领袍的一个显著特点是其领型设计，不包裹脖子的领型，在穿着者的领口右侧，往往缀一颗纽扣，而不用系带，圆领的开口便于穿脱，且在保暖的同时减少了束缚感。这种设计与传统汉服的交领、对襟等样式明显不同，是胡服对汉服影响的直接体现。此外，圆领袍的袖型、开衩设计，以及与腰带、靴子的搭配，都显示了胡服元素与汉族服饰传统的融合与创新，是我国文化多元性和包容性的极佳案例。

图2-3-21 [宋]佚名《宫女图团扇》册页，美国弗利尔美术馆藏

图2-3-22 [宋]佚名《宋仁宗后坐像轴》（局部）（左）、《宋太宗立像轴》（右），台北故宫博物院藏

［南宋］李嵩《瑞应图：四圣佑护》，台北故宫博物院藏

在历史上，圆领袍服的发展跨越了多个朝代，尤其在唐代以后，它逐渐从军事服装转变为日常和官方正式的服饰。唐代初期，圆领袍开始在军队中流行，而后因其便于活动且具有一定的保暖性，逐渐被官员和平民阶层所接受。到了宋、明两代，圆领袍的样式进一步多样化，不仅在设计上更加精细化，而且在颜色、纹饰上也更加讲究，以符合不同场合和身份的需要。

（3）褙子

褙子是中国古代汉服体系中的一种服饰，尤其流行于宋明时期。一般为对襟、直领、两腋下开衩至腰部或臀部的上衣，长袖且袖口宽松，整体剪裁较为宽松，穿着时通常会配以裙子。褙子的长度可长及脚踝，也可短至膝上，根据季节和场合的不同有所变化。褙子在领口、袖口、前襟边缘等部位常常有精致的镶边或者刺绣装饰，体现其工艺之美，时称"抹领"。

南宋程大昌《演繁露》中描述褙子为："今人服公裳，必衷以背子。背子者状如单襦、袷袄，特其裾加长，直垂至足焉耳，其实古之中禅也。禅之字，或为单，皆音单也。古之法服朝服，其内必有中单，中单之制，正如今人背子，而两腋有交带横束其上。今世之慕古者，两腋各垂双带，以准禅之带，即本此也。"[1] 可见，褙子类似于单层短衣或夹衣，其独特之处在于下摆加长，一直延伸至脚部。宋人好古风，一些崇尚古风

---

[1] 朱易安，等. 全宋笔记：第四编［M］. 郑州：大象出版社，2008：183.

的人士，在褙子的两腋处各悬挂两条飘带，以模拟古时中单的束带设计。陆游在《老学庵笔记》中也记载褙子腋下垂带："背子背及腋下，皆垂带。长老言，背子率以紫勒帛系之，散腰则谓之不敬。至蔡太师为相，始去勒帛。"❶《演繁露》又载："背子开胯……详今长背既与裘制大同小异，而与古中单又大相似……中单腋下缝合，而背子则离异其裾；中单两腋各有带，穴其掖而互穿之，以约定裹衣，至背子则既悉去其带，惟此为异也。"❷可见，褙子有系带有不系带，随着时代的变迁穿着方式也一直在变化，比较稳定的特点为廓形细长、直领、对襟、高开衩、衣长过膝等。

也有文献考据褙子来源于裲裆，《陔余丛考》记载赵宧光自注称"背子即古裲裆之制"❸，但见《宋史》中记载裲裆的形式距褙子甚远。

太祖建隆四年，范质议：按《开元礼》，武官陪立大仗，加螣蛇裲裆，如袖无身，以覆其膊胳，盖掖下缝也。从肩领覆臂膊，共一尺二寸。又按《释文》《玉篇》相传云：其一当胸，其一当背，谓之"两当"。今详裲裆之制，其领连所覆膊胳，其一当左膊，其一当右膊，故谓之"起膊"。今请兼存两说择而用之，造裲裆，用当胸、当背之制。宣和元年，礼制局言：鼓吹令、丞冠，又名"袴褶冠"。今卤簿既除袴褶，冠名不当仍旧，请依旧记如《三礼图》"季貌冠"制。从之。❹

褙子在宋代男女皆服，女款褙子渗透到了社会各阶层的日常穿着，成为女子衣饰的重要组成部分。根据不同的场合和用途，女款褙子的设计变化主要体现在袖型、衣身长度以及装饰细节上。

礼服式女褙子承袭晚唐遗风，以褒博之风为美，礼服式褙子被列为官服，可作正式礼服穿用，其具体形制为袖口广博，直领对襟，两腋缺胯开衩。因此，也可将礼服式褙子称作"大袖褙子"❺。如周锡保先生所言"后至宋代皇后像中，始见有袆衣、翟衣等之具体形制❻"。衣身较长以示尊重礼制，袖型相对宽大且往往带有繁复的纹饰或刺绣，体现身份地位。常服式褙子则较为实用，适合日常生活与工作，衣身长短适中，袖型多

❶ 陆游. 老学庵笔记［M］. 北京：中华书局，1985：17，70.

❷ 朱易安，等. 全宋笔记：第四编［M］. 郑州：大象出版社，2008：25.

❸ 赵翼. 陔余丛考［M］. 2版. 石家庄：河北人民出版社，1990：428-579.

❹ 脱脱，等. 宋史［M］. 北京：中华书局，1997：3461.

❺ 卿源. 宋代褙子考析及其文化内涵［D］. 无锡：江南大学，2021.

❻ 周锡保. 中国古代服饰史［M］. 北京：中国戏剧出版社，1984：57.

样，多为窄袖，款式相较于礼服式褙子会更显简洁。便服式褙子更加休闲随意，袖口和衣身可能更加宽松舒适，长度及开衩设计以方便活动为主。

宋代男款褙子不如女款那样款式众多，但也体现了不同的功能性划分，男款褙子通常不作为正式的礼服用服饰，多用于非正式场合或作为内搭衣物使用。《武林旧事》载："庆圣节……三盏后，官家换背儿，免拜；皇后换团冠背儿"❶，《大宋宣和遗事》一书所载："徽宗闻言，大喜，即时易了衣服，将龙袍卸却，把一领皂背穿着，上面着一领紫道服，系一条红丝吕公绦，头戴唐巾，脚下穿一双乌靴。"❷ 可见，时下男装褙子是一种休闲服饰。常服式男褙子整体剪裁和装饰相对朴素，注重实用性。

腋下两侧开衩是褙子共有的特点，这种设计不仅增添了服装的飘逸感，也符合宋人追求宽松自然、注重行动自如的审美理念。而不论是男款还是女款褙子，外轮廓大致呈直筒形，在对服装结构的考究中有研究："宋代还有一种为男、女公用的服装款式：直领对襟、下摆两侧开高衩的褙子。"❸ 随着时代的变迁和社会风尚的变化，褙子的款式在剪裁和细节上反映出当时的社会风貌与人文精神。

图2-3-24描绘了南宋宫廷歌乐女伎演奏、排练的场景。画面中女伎、乐官和女童手持各种乐器于庭院中一字排开，均穿着南宋时期的典型服饰：九位女伎身材修长，穿着红色窄袖褙子，高髻上饰以角状配饰；男性乐官佩戴朝天幞头，女童则戴簪花幞头。无论人物形象还是场景，均为南宋社会文化生活的生动写照。

图2-3-24 ［南宋］佚名《歌乐图》（局部），上海博物馆藏

❶ 周密. 武林旧事：插图本［M］. 李小龙，赵锐，评注. 北京：中华书局，2007：200，222.

❷ 新刊大宋宣和遗事·亨集［M］. 上海：中国古典文学出版社，1954：48.

❸ 刘瑞璞. 古典华服结构研究：清末民初典型袍服结构考据［M］. 北京：光明日报出版社，2009：28.

图2-3-25绘中秋仕女赏月情景，人物纤秀，风格婉约，景色空蒙，几名贵女皆身着窄身长褙子，配有艳色抹领。图2-3-26绘南宋贵族庭院里的婴戏小景。以写实的笔法描绘民间生活、反映"市井细民"的审美趣味是宋代绘画的一大特色。

图2-3-25 [宋]刘宗古《瑶台步月图》页，故宫博物院藏

图2-3-26 [宋]佚名《蕉阴击球图》页，故宫博物院藏

图2-3-27所示的紫灰色绉纱镶花边窄袖褙子是典型的瘦身窄袖、对襟直领、加缝生色领、腋下开衩和不施衿纽。服装由正裁法缝制，根据设定尺寸剪裁成"凸字形"（袖底连侧缝线），竖直合缝，两半袖端各接一块延伸成长袖，衣身前后裾长度相等。宋时女服风尚清雅成为宋代女服的点睛之笔，因此墓葬中所出土的服饰制作极为考究，花边纹饰就有彩绘和印金两种技艺。

《晋祠圣母殿侍女像》作于北宋元祐年间，约1082年，位于山西省太原市晋祠圣母殿。圣

图2-3-27 [南宋]紫灰色绉纱镶花边窄袖褙子，福建福州黄昇墓出土

图2-3-28　[宋]《晋祠圣母殿侍女像》彩塑

母殿中有彩绘塑像四十三尊[1]，其中有多个身着褙子的侍女形象，足可见褙子是当时非常常见的服装款式。图2-3-28中的塑像表情灵动，身着蓝色圆领窄袖长衫，外披红色绿边褙子，纤细清丽。

（4）半臂

沈从文在《中国古代服饰研究》中写道："半臂又称'半袖'，是从魏、晋以来上襦发展而出的一种无领（或翻领）对襟（或套头）短外衣。它的特征是袖长及肘，身长及腰。"[2]虽然沈从文认定半臂为对襟，但是半臂的主要判断点应在袖长，如图2-3-29中绘有多个身着半臂的人物形象，皆为斜领交襟，由左图作揖人物形象可看出衣身长至脚踝，袖长至肘部，腋下开胯，腰间束有帛带，罩穿在里衣之外。受宋代褙子流行的影响，长半臂也非常流行，半臂因此成为百搭的服装款式，有长有短，男女老幼皆服（图2-3-30）。

图2-3-29　[北宋]赵佶《文会图》（局部），台北故宫博物院藏

[1] 彩塑在宋代是一种流行而普及的造像形式，晋祠圣母殿中的彩塑是我国现存为数不多、基本完整的宋代彩塑。《晋祠圣母殿侍女像》根据宋代六尚制（尚宫、尚仪、尚服、尚食、尚寝、尚功）塑造，每一尊侍女像都具有独特的身份特征和性格表达，从而让整个雕塑群体显得生动而多元，被誉为"晋祠三绝"之一。这些侍女像通过其生动的表情、各异的姿态和考究的服饰，共同构成了一个生动的宋代宫廷生活画面。

[2] 沈从文. 中国古代服饰研究［M］. 北京：商务印书馆，2011：364.

图2-3-30　[北宋]苏汉臣《货郎图》❶

---

❶ 台北故宫博物院藏。这是一幅年俗画，货郎推着琳琅满目的货物车子停在庭院之中，车子上各类玩具、生活用品应有尽有，货郎穿着半臂。

背心和半臂样式相似，《事林广记》把两者视作同类。无袖背心也是宋代常见的服装款式之一，福建福州黄昇墓出土的深烟色牡丹花罗背心（图2-3-31）就是对襟、身长及腰的款式。值得一提的是，这件背心为三经绞❶斜纹起花平纹纱，装饰提花牡丹，仅重16.7克，轻盈若羽，剔透似烟。据说，一个火柴盒能塞下两件这样的薄裳，体现了中国高水平的纺织技术。背心亦有长有短，图2-3-32中的婴孩即为身着长无袖背心的形象。

图2-3-31　[南宋]深烟色牡丹花罗背心

图2-3-32　[北宋]苏汉臣《婴戏图》（局部），台北故宫博物院藏

图2-3-33　[宋]佚名《宋哲宗昭慈圣献皇后像》，台北故宫博物院藏

（5）道服

因道教在民间的传播和推动，道服一度成为文人士大夫燕居会友、旅游休闲的时尚，至五代而聚社会风气，至北宋而成蔚为大观，这种风尚主要表现为两种趋向：一是在职官员非公务的私人生活中，二是贬官或无仕的在野文人日常生活中。这种风尚的转变，导致服饰在形式上开始拟弃华冠丽服，转向素淡清雅❷（图2-3-33）。

（6）下裳

宋代女子极爱穿裙，宋代的裙子大多以罗制成，因

---

❶ 三经绞是一种特殊的织造技术，指的是在织造过程中，每三根经线相互绞缠一次形成绞纱效应。通过经纬线交织的变化，形成图案或花纹。

❷ 张振谦. 北宋文人士大夫穿道服现象论析［J］. 世界宗教研究，2010（4）：93-105.

图2-3-34 [南宋]黄褐色素罗夹裙，江西德安周氏墓出土，德安县博物馆藏

图2-3-35 [南宋]深褐色纱百褶裳，浙江周塘桥纪年墓出土

此称曰"罗裙"。多有诗词描述女子穿着罗裙，如"长因蕙草记罗裙""双蝶绣罗裙""记得绿罗裙，处处怜芳草"等。宋代是褶裥裙发展的鼎盛时期，裙褶较多、裙围增大，构筑视觉上的立体韵律美感，裙上的褶裥随步伐起伏微妙开合，灵动变化，故也常被称为"百叠""千褶"等。褶裥在造型上既有细密的褶皱（图2-3-34），也有规则的裥（图2-3-35），与马面裙非常相似。宋代女子的裙装裙幅数量有所增加，比较流行一种"八幅大裙"，即前后各四幅，常见的有六幅、八幅、十二幅等，最多达三十幅，裙幅越多，皱褶越细，更风情逸致，轻柔飘洒。吕渭志《千秋岁》描写"约腕金条瘦，裙儿细裥如眉皱"，张先《踏莎行·衾凤犹温》描写"珠裙褶褶轻垂地"，这些都是女子穿着细密褶裙的形象。

旋裙，又称两片裙，也是宋代风靡一时的裙装款式，特点为上下两层裙片，腰头缝合，下摆为开放式的裙门结构，为腿部活动提供了更大的空间，从而便利了女子骑乘出行（图2-3-36）。

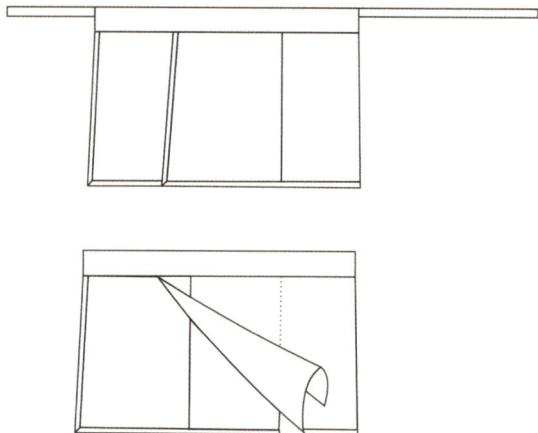

图2-3-36 [南宋]黄褐色牡丹花罗镶花边裙，福建福州黄昇墓出土

古代的裤装从最初的"胫衣"形态，专为保暖小腿而设计，到后来受到不同文化和社会习惯的影响，经历了从简单覆盖小腿到发展成长裤的过程。开裆的裤称为"袴"，封裆（合裆）的裤称为"裈"。进入宋代，随着家具如椅子和凳子的普及，人们的生活方式有了显著改变，传统的席地而坐转变为垂足而坐，这种坐姿的改变对裤装提出新的要求。为适应更加正式和舒适的坐姿，合裆裤"裈"因其能够更好地保持仪态和隐私，而变得更加普遍。这一时期，裤装不仅仅是实用保暖的考量，更是适应社会礼仪和生活习惯变迁的重要组成部分。宋代裤装有束口设计和非束口设计，如束口长裤，这在劳动妇女中较为常见，便于工作时将裤腿束于腰间，保持行动自由。

宋代女性下身通常穿着两层裤子，内层为开裆裤，外层则可能是合裆裤，外层裤装有时会在外侧缝开衩，便于活动，且开衩处有收褶设计，使得裤腿呈现喇叭形，增添了一份飘逸感（图2-3-37）。

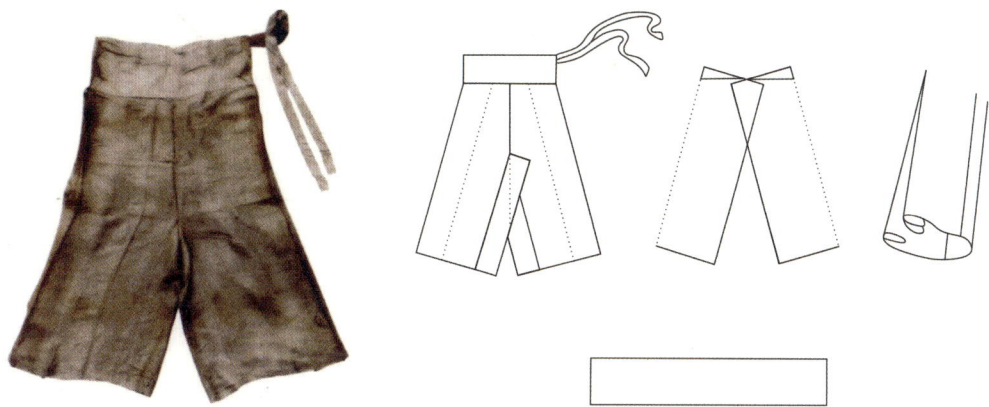

图2-3-37 [南宋]黄褐色花罗两外侧开中缝合裆裤，福建福州黄昇墓出土

（7）头冠

宋初，妇人头冠"以漆纱为之，而加以饰，金银珠翠，采色装花，初无定制"，无定制意为有很大的发挥空间。《都城纪胜》载："如官巷之花行，所聚花朵、冠梳、钗环、领抹，极其工巧，古所无也。"[1] 关于宋人的冠饰，沈从文也感叹："（发髻大致从）唐代宫廷女道士作仙女龙女装得到发展，五代女子的花冠云髻已日趋危巧，宋代再加以发展变化，因之头上真是百花竞放，无奇不有。"

---

[1] 戴建国，等. 全宋笔记：第八编（五）[M]. 郑州：大象出版社，2017：7.

北宋女性头戴冠形象非常华丽，颇有晚唐遗风（图2-3-38）。

图2-3-39（右）为宣祖皇帝后，霞帔是青色底，祥云与凤凰纹，搭在肩上，垂挂而下，下有玉坠子。她头上戴着的则是团冠，贴着翠蓝羽毛，镶着珠子，前有凤纹为饰，还有垂着珠滴的博鬓。图2-3-39（左）宋真宗刘皇后所戴的凤冠上点缀着密麻的微型仙人像，形象栩栩如生。整个凤冠的色系是典雅的蓝色，再用珠翠镶嵌当中，形成一种腾云驾雾的感觉。

图2-3-38　[北宋]敦煌莫高窟第427窟（左）、第61窟（右）供养人

图2-3-39　[宋]佚名《宋代后半身像册》，台北故宫博物院藏

男子亦戴头冠，在古代中国的礼制文化中，冠礼对于士人阶层确实具有极其重要的象征意义（图2-3-40）。冠礼是古代中国成年男子正式进入社会、承担社会责任的重要

仪式，标志着个体从少年步入成人阶段，
并开始履行其在家族、社会以及国家中
的角色与义务。

根据《礼记·冠义》所述，冠礼的
举行场所因身份不同而有严格的规定：
天子在始祖之庙行冠礼，以示受始祖荫
庇和正统地位；诸侯则在太祖之庙行冠
礼，体现其对宗族与封地的传承；士人
在自家称庙或祖庙中行冠礼，表示对祖
先和家训的尊重与遵循。

图2-3-40　[宋]青玉发冠，宋代玉器博物馆藏

冠礼的核心在于"重冠"，即通过庄重的礼仪形式来强化对冠冕的重视，这种重视
延伸到对整个礼制文化的尊重。行冠礼不仅是一种个体成长的标志，更是儒家伦理道德
教育的重要环节，强调修身齐家治国平天下的一体性原则。因此，"敬冠事所以重礼，
重礼所以为国本也"，这句话突显了冠礼对于维系社会秩序、稳固国家根基的关键作用。
通过冠礼，士人将个人的成长与道德修养、社会责任乃至国家治理紧密结合在一起，体
现了儒家教化下的君子人格理想和社会责任感。

在宋代社会风尚的画卷中，士庶阶层服饰的儒雅化趋势贯穿于服装领域的方方面
面。幞头和头巾，是宋代文人士大夫们彰显个性与风雅情致的重要载体。沈括在《梦
溪笔谈》中有相关记载："本朝幞头有直脚、局脚、交脚、朝天、顺风，凡五等，唯直
脚贵贱通服之。"宋代文人士大夫在服饰审美上追求高雅、淡泊和内敛，他们喜爱佩戴
造型高而方正的巾帽，这种头饰在宋人中被称为"高装巾子"，它不仅体现了儒雅风范，
而且蕴含了深厚的文化内涵。以著名文人的名字命名的巾帽如"东坡巾""程子巾""山
谷巾"等，象征着对先贤道德文章与人格魅力的敬仰与传承。

此外，巾帽名称还往往富含寓意，例如逍遥巾和高士巾，它们分别传达出超脱世
俗、崇尚自然和志行高洁的生活态度及精神追求。米芾所著的《画史》记载了一种无顶
头巾——额子，由紫罗制成，为文士所常用，其特点是不加冠冕，展现简朴之风。一旦
文士考取举人后，则改用紫纱罗制作成长顶头巾，以此来标识身份和社会地位的变化，
区别于庶民百姓。

至于庶人阶层，他们的首服也随着时代变迁不断发展，从花顶头巾到幅巾，再到后

来的逍遥巾，虽然不如士大夫阶层那么讲究，但也体现出了民间风尚的演变与个性化的追求。

折上巾（即幞头）作为一种流行的首服款式，在时人手中被演绎得千变万化、异彩纷呈。其中，最为人们所关注的便是其脚部样式的设计，种类繁多且各具特色。例如有交脚幞头，其设计特点是两脚交叉；曲脚幞头，脚部呈现弯曲形态；高脚幞头则强调高度和立体感；宫花幞头融入了宫廷花卉元素；牛耳幞头如同牛耳朵般独特；"玉梅雪柳闹鹅幞头"则是以梅花、柳枝以及鹅的形象为灵感来源，极富诗意与创意；银叶弓脚幞头采用金属质感装饰，并借鉴了弓形线条之美；一脚指天一脚圈曲的幞头更是打破常规，极具视觉冲击力。

《东京梦华录》这部记载北宋都城开封繁华景象的重要文献中，详细记录了更多不同的折上巾样式，如展裹式的简洁大方，卷脚幞头的精致细腻，长脚幞头的飘逸洒脱，卷曲花脚幞头的婉约柔美，以及曲脚向后指天的幞头那种向上飞扬的独特气质等。这些多样的折上巾款式不仅体现了当时社会对服饰审美多元化的追求，也反映了宋人生活中的时尚潮流与个性表达（图2-3-41、图2-3-42）。

（8）簪戴

赵宋王朝以风花雪月的典雅韵致闻名于世，在承继历代文化积淀的基础上，又赋予了新的内涵与生机，尤其在节日时物的运用上更上一层楼，从而将应景之美的簪花文化推向了鼎盛。这一时期，花卉元素不再仅仅局限于自然界的点缀，而是深深植根于人们的日常生活礼仪、娱乐活动及岁时节日庆典。宋人吴自牧《梦粱录·卷一·二月望》记载："仲春十五日为花朝节，浙间风俗，以为春序正中，百花争放之时，最堪游赏。都人皆往钱塘门外玉壶、古柳林、杨府、云洞，钱湖门外庆乐、小湖等园，嘉会门外包家山王保生、张太尉等园，玩赏奇花异木，最是包家山桃开浑如锦障，极为可爱。"❶

在宋代社会生活中，鲜花扮演着举足轻重的角色，从日常的衣饰搭配到宴席间的插花艺术，再到饮食文化的花卉入馔，无不体现了人们对生活美学的极致追求和细腻品位，构筑了一种深厚而广泛的民间生活美学体系。每逢岁时节庆，无论是端午的佩兰习俗，还是重阳登高赏菊的传统，都彰显了古人顺应四时变化、寓情于景的生活智慧。

---

❶ 孟元老，等. 东京梦华录（外四种）[M]. 上海：古典文学出版社，1957：145.

图2-3-41　[宋]佚名《宋人十八学士图轴》（局部），台北故宫博物院藏

图2-3-42 [南宋]马远《王羲之玩鹅图》❶

---

❶ 台北故宫博物院藏。画中王羲之头戴折巾，手执六角扇，倚靠松树，坐观两白鹅游泳于荷塘，旁有童子执
拭巾。

《宋史·舆服志》曰："幞头簪花，谓之簪戴。"[1]簪花不仅作为女性头饰使用，还常用于各种庆典活动、节日仪式（如图2-3-43中女童头戴簪花幞头）以及文人士大夫间的雅集。簪花象征着身份地位与审美情趣，男性官员也会在特定场合如宴会、庆典上佩戴鲜花以示荣耀或者节庆气氛，这种习俗被称为"赐花"或"簪花礼"。花朵也以材质和色彩区分等级："大罗花以红、黄、银红三色，栾枝以杂色罗，大绢花以红、银红二色。罗花以赐百官，栾枝，卿监以上有之；绢花以赐将校以下。太上两宫上寿毕，及圣节、及锡宴、及赐新进士闻喜宴，并如之。"[2]

淳熙二年十一月："是日早，文武百僚并簪花赴文德殿立班，听宣庆寿赦……礼毕，从驾官、应奉官、禁卫等并簪花从驾还内，文武百僚文德殿拜寿称贺。"[3]根据《武林旧事·卷一》，淳熙十三年（1186年）正月元日，在庆贺太上皇帝宋高宗八十大寿的御宴上"自皇帝以至群臣禁卫吏卒，往来皆簪花。"[4]《东京梦华录》记载："正月十四日，车驾幸五岳观……亲从官皆顶毡头大帽，簪花。"也有诗作流传记载。如宋代诗人杨万里的《德寿宫庆寿口号·其三》：

图2-3-43 [南宋]佚名《歌乐图》（局部），上海博物馆藏

春色何须羯鼓催，君王元日领春回。牡丹芍药蔷薇朵，都向千官帽上开。

不仅官家如此，民间亦如此。欧阳修在《洛阳牡丹记·风俗记》中说道："洛阳之俗，大抵好花，春时，城中无贵贱皆插花，虽负担者亦然。"[5]簪花风俗不仅仅局限于宫廷和上层社会，在民间也得到了广泛普及。这一时期，无论身份高低，人们对簪花的喜爱体现在各种节日庆典中，成为一种生活风尚和社会习俗。宋代诗人许棐曾作《喜迁莺·鸠雨细》：

鸠雨细，燕风斜。春悄谢娘家。一重帘外即天涯。何必暮云遮。钏金寒，钗玉冷。薄醉欲成还醒。一春梳洗不簪花。孤负几韶华。

---

[1] 脱脱，等. 宋史 [M]. 北京：中华书局，1976：3569.
[2] 脱脱，等. 宋史 [M]. 北京：中华书局，1976：3569.
[3] 脱脱，等. 宋史 [M]. 北京：中华书局，1977：2680.
[4] 周密. 武林旧事 [M]. 北京：中华书局，2007：6.
[5] 欧阳修，等. 洛阳牡丹记：外十三种 [M]. 上海：上海书店出版社，2017：6.

根据四时时令，更有不同的簪花习俗。元宵节（上元节），人们喜欢簪戴玉梅、雪柳等花卉，象征着对新一年美好生活的期盼与祝福；端午节时，佩戴茉莉花不仅因其芬芳宜人，更寓意驱邪避瘟、祈求平安健康；立秋时节，人们会佩戴楸叶以示季节变换，寄寓丰收之望；重阳节（重九）以及祝寿场合，菊花作为长寿的象征，被用来簪戴，表达对长者的敬意和延年益寿的美好祝愿。

据《西湖老人繁胜录》记载，孟冬，驾诣景灵宫，"驾出三日，比寻常多出一日，缘第三日驾过太一宫，烧香太一殿，谢礼毕，赐花，自执政以下，依官品赐花。幕士、行门、快行，花最细且盛。禁卫直至捅巷，官兵都带花，比之寻常观瞻，幕次倍增。乾天门道中，直南一望，便是铺锦乾坤。吴山坊口，北望全如花世界"❶。这种簪花习俗反映了宋代社会对自然美、季节变化及生活情趣的细腻感知，同时体现了中华民族深厚的文化内涵和独特的审美追求。通过簪花，人们将日常生活与自然环境紧密相连，赋予了寻常日子浓厚的文化韵味和仪式感（图2-3-44、图2-3-45）。

图2-3-44　[南宋]马兴祖《香山九老图》（局部）❷

---

❶　西湖老人. 西湖老人繁胜录［M］. 北京：中国商业出版社，1982：15.

❷　美国弗利尔美术馆藏。绢本，长卷，27.1厘米×217.2厘米。绘以白居易为首的"香山九老"在唐会昌五年，于河南洛阳香山聚会宴游的故事。图中文人兴高载歌载舞，帽插鲜花。

[图2-3-45] [宋]河南白沙宋墓壁画上头戴花冠的女性形象

（二）纹样

纹样又称图案、纹饰、花纹，是中国传统艺术中极为重要且丰富多彩的表现形式之一，广泛应用于织物、建筑、陶瓷、金属器皿、家具、漆器、剪纸、雕刻等各种工艺美术领域。纹样的设计、制作与应用，既体现了中华民族深厚的文化底蕴、审美观念和艺术创造力，也是民族精神、宗教信仰、社会风尚、地域特色等多元文化因素的载体。

1. 纹样的特性

总体来说，纹样具备符号性和装饰性两种特性。

（1）符号性

纹样，是人类文化与艺术的重要符号载体，是群体认知和集体记忆的生动体现。魏时嵇康《声无哀乐论》："夫言非自然一定之物，五方殊俗，同事异号，趣举一名以为标识耳。"纹样超越了单纯的艺术装饰范畴，成为一种社会文化的语言，蕴含着特定历史时期、地域族群的生活方式、信仰观念、审美取向以及精神追求，既是最直观的显性基因，也是隐性基因的载体和表达方式。

对于绘画，花鸟题材尤其富有寓言和象征意味。宋人爱花，比如牡丹和芍药通常代表富贵，松竹梅菊及鸥鹭雁鸶则传达幽娴之境。鹤的轩昂、鹰隼的勇猛、杨柳梧桐的疏影婆娑以及乔松古柏的岁寒孤傲等意象，都被画家们巧妙地运用到画面之中，以激发观赏者的情感共鸣，仿佛使人置身于真实情境中有所领悟。《宣和画谱》传说由宋徽宗下旨编纂，其中卷十五《花鸟叙论》中阐释了传统吉祥图案所表现物象的象征意义："花之于牡丹芍药，禽之于鸾凤孔翠，必使之富贵。而松竹梅菊，鸥鹭雁鸶，必见之幽闲。"❶ 天地间的五行精华凝结孕育出丰富多彩的生命形态，阴阳二气的交替升降使各种花卉树木得以繁茂生长，展现出无数美丽景象。这些自然界的生物各自展现其形态与色彩，尽管造物主并未刻意赋予它们特定寓意，但通过艺术化的表现，它们能够美化世界，协调人间气息，给人们带来视觉享受与心灵和谐。

同时书中也记录了种类繁多的鸟类，无论生活在野外还是亲近人类，各有其独特的鸣声、颜色、习性和生态行为，虽不直接参与人事，但在古代却常被用于制定音律、配合作为图腾象征，或者作为服饰装饰图案，对社会文化有着积极的影响。诗人六义之一的"比兴"也常常通过对鸟兽草木的描绘来寄托情感，律历四时则记录着动植物生长荣枯的规律。

从古至今，纹样的演变与发展始终伴随着人类文明的进步和社会结构的变化。以宋代为例，其装饰纹样不仅继承和发展了前代的艺术成就，更在工艺技术进步和商品经济繁荣的推动下，形成了独特且丰富的体系。诸如梅兰竹菊、四时节令花卉等图案，既是自然景物的艺术再现，又寓含了文人士大夫阶层对清雅生活和道德品格的理想寄托，成为当时社会普遍认同和欣赏的文化符号。

在不同区域和民族中，纹样往往具有鲜明的地域特色和民俗内涵，如北方游牧民族崇尚力量与勇猛的狼图腾，南方水乡则偏爱象征生命力旺盛的莲花、鱼鳞纹饰等。且观辽代粗犷的纹样与宋代细腻的纹样，即可看出风土人情之截然不同。这些各具特色的纹样通过世代相传，逐渐积淀为群体共识，既承载了人们对祖先的记忆与尊崇，也凝聚了社群内部的价值观和情感纽带。

总之，纹样作为一种视觉符号，它不仅是艺术审美的直观表现，更是群体认知的深度体现，通过广泛传播与应用，持续塑造和传承着人类社会的精神文化和历史记忆。

---

❶ 王群栗. 宣和画谱［M］. 杭州：浙江人民美术出版社，2012：311.

（2）装饰性

纹样通过线条、色彩、形状和构图等元素构建出视觉美感，体现艺术家或工匠的审美追求。它们可以是简洁抽象的几何图案，也可以是繁复细腻的写实图像，具有强烈的视觉冲击力和艺术感染力。

宋代装饰纹样艺术在唐代基础上历经了一场深刻的发展变革，这一过程与当时工艺技术的重大进步紧密相连，有力地推动了陶瓷、纺织、金属工艺制品及雕刻等多元工艺美术品类的全面发展和繁荣。鉴于此，在构建宋韵汉服纹饰资料库时，未必局限于服饰或纺织品本身，而是将研究视野拓展至各类实用器物，旨在全方位搜集并整合出一个内容丰富且多样的纹饰资源体系。宋代纹样以其独特的装饰性在中华艺术史上留下了璀璨的一页，其装饰性主要体现在以下六个方面。

1）简洁雅致的美学风格。宋代纹样摒弃了唐代的华丽繁复，转而追求一种清新、素雅、含蓄的审美取向。纹样设计上注重线条的流畅与简洁，色彩的淡雅与和谐，形状的自然与规整，呈现出一种内敛而精致的艺术风格。这种装饰性反映了宋人崇尚自然、追求内省的精神世界和崇尚文人士大夫阶层淡泊名利、追求精神修养的生活态度。

2）崇尚自然的题材选取。宋代纹样大量取材于自然界，尤以花鸟、草木为主，如莲花、菊花、牡丹、松、竹、梅，鸳鸯、鹤、鹿等。这些自然元素经过艺术家的提炼与艺术加工，既保留了物象的基本形态特征，又融入了文人墨客的诗情画意，形成了具有极高艺术欣赏价值的装饰图案。自然题材的运用，赋予纹样浓厚的生命力和亲近自然的气息，增强了装饰性的同时，也传递出人与自然和谐共生的哲学思想。

3）写实写意结合的表现手法。宋代纹样在表现技法上兼顾写实与写意。在写实方面，纹样中的花鸟草木形态逼真，细节刻画精细入微，如花瓣的纹理、鸟羽的层次、枝叶的姿态等，无不栩栩如生。在写意方面，艺术家通过对自然物象的适度夸张、变形、简化，以及对空白、虚实、疏密的巧妙处理，营造出诗一般的意境，赋予纹样以丰富的象征意味和文化内涵，提升了装饰性的艺术层次。

4）规整有序的构图布局。宋代纹样在构图上注重秩序感与节奏感。无论是单独的图案单元，还是二方连续、四方连续的图案组合，都遵循一定的规律与秩序。纹样单元之间通过大小、形状、方向的变化形成韵律，整体布局上追求平衡、对称、呼应，形成既富于变化又和谐统一的整体效果。这种规整有序的构图，赋予纹样清晰的视觉引导，增强了装饰效果，也体现了宋人对和谐、秩序、平衡的美学追求。

5）丰富深远的主题寓意。宋代纹样往往蕴含丰富的象征寓意和道德教化功能。如莲花象征纯洁高雅，牡丹象征富贵吉祥，松、竹、梅象征坚贞高洁，鹤象征长寿，鸳鸯象征爱情忠贞等。这些寓意通过纹样的形象直观地传达给观者，使装饰性与文化性、教育性融为一体，既美化了生活，又寓教于乐，体现了宋人深厚的文化底蕴和寓教于美的社会风尚。

6）工艺材料与技艺融合。宋代纹样广泛应用于陶瓷、织物、漆器、金银器、木雕等多种工艺美术领域，其装饰性不仅体现在图案设计上，更体现在与材质、工艺的完美结合上。如瓷器上的釉色与纹饰相得益彰，织物上的刺绣与纹样互为增色，漆器上的镶嵌与图案浑然一体，金银器上的錾刻与纹样相映生辉。工艺材料与技艺的巧妙运用，不仅提升了纹样的视觉效果，也赋予了其触觉、质感等多维度的装饰魅力。

综上所述，宋代纹样的装饰性体现在其简洁雅致的美学风格、崇尚自然的题材选取、写实与写意相结合的表现手法、规整有序的构图布局、丰富深远的主题寓意以及工艺材料与技艺融合等多个层面，充分展现了宋代艺术的高度成就与独特的审美情趣。

2. 纹样的特色

宋代纹饰艺术的核心特色在于其风格与审美的多元化格局，尤其表现在宫廷艺术与民间艺术之间的鲜明对比上。宫廷工艺受儒家思想及道家美学理念影响深远，纹饰设计倾向于表达静谧内敛之美，展现简洁而庄重的艺术格调；民间工艺则侧重于细腻写实的表现手法，在吸取宫廷画风精华的同时，着重对生活细节的真实再现，如染织和刺绣技艺中的纹饰描绘就体现了这一特点。

宋代服装纹样的发展深受工笔花鸟画艺术的影响，趋向于更精细的写实主义表现手法，从抽象转向具象，生动捕捉人间生活的自然景象。随着宋代市场经济的繁荣和工艺技术水平的整体提升，装饰纹样得以在社会各阶层中广泛传播和应用，进而催生出主题内容更加丰富多彩的纹饰创作。其中，婴戏纹作为时代特色的重要体现，既承载着中华民族对于子孙繁衍的深厚传统观念，也寄寓了人们对美好富饶生活的热切向往。此外，大量采用栩栩如生的花鸟形象和生动自然的植物图案成为宋代装饰纹样的主流，塑造了一种平易近人而又精致高雅的装饰风格，充分反映了宋代社会的实际生活场景及其深厚的文化底蕴。

3. 纹样的组织

宋代纹样的组织和设计充分体现了那个时代艺术审美的特点与工匠的高超技艺。纹样的组织不仅体现在图案的布局、构图上，也包括了色彩搭配和工艺技术的应用。

（1）布局与构图

对称与非对称：宋代纹样既有传统的对称式布局，如在织锦或瓷器装饰中常见的左右对称；同时，随着文人审美趣味的影响，出现了更为自由灵活的不对称布局，尤其在植物花卉纹样中，常以大朵牡丹为主体，周围配以梅花、海棠等小花蕾，形成既有序又富有自然情趣的画面。

形态提炼：从自然界中提取元素并进行艺术化处理，如简化、变形、夸张等，使自然形象转化为符号化的艺术语言。

规律重复：运用二方连续❶、四方连续❷等手法，将单一纹样按照一定规律排列组合，形成连续且富有节奏感的装饰效果。

对比统一：在大小、疏密、虚实、色彩等方面进行对比，同时保持整体风格的一致性，增强纹样的层次感和立体感。

（2）纹理组合

中国传统纹样的组织形式多样，大致有以下四种主要类型。

团纹（或称"圆纹""团花"）：团纹是指以圆形为基础设计的各种图案，中心对称，通常围绕一个核心点向外辐射展开，例如莲花纹、菊花纹、宝相花纹等。团纹常见于各种器皿的装饰上，比如瓷器、织物和雕刻艺术中，寓意圆满、和谐与吉祥。

散纹（或称"散点纹""满地纹"）：散纹是指在一定的空间范围内不规则分布的小型图案元素，如满地花卉、鸟兽纹、云气纹等，它们并不构成明显的中心对称或轴线对

---

❶ 二方连续图案是指一个基本图形单元沿着两个互相垂直的方向重复排列，形成无限延伸的连续图案。这种排列方式使图案在水平和垂直方向上均具有连贯性和延伸性，形成一个无限扩展的二维平面装饰面。有一个或一组核心图形作为重复的基本单元，基本单元沿着两条正交线（通常是水平和垂直）重复排列，相邻单元之间有明确的对接关系，确保无缝衔接。单个二方连续图案通常呈现为一条带状或矩形框架内的部分，但理论上可无限延展，实际应用时会根据所需装饰面积进行截取。

❷ 四方连续图案是指一个基本图形单元沿四个方向（上下左右）无限重复排列，形成一个连续且无明显边界的三维立体装饰面。四方连续图案在平面上表现为一个基本单元在四个方向上都能与其他单元完美拼接，形成一个无限扩展的平面装饰面，同时由于其在三维空间中可以包裹曲面，常被想象为能够覆盖整个三维空间的装饰表面。同样有一个或一组核心图形作为重复的基本单元，基本单元在四个方向（上、下、左、右）上连续复制，每个方向的单元与相邻方向的单元紧密衔接，形成一个完整的无缝图案。四方连续图案在视觉上没有明显的开始和结束，仿佛可以无限扩展，形成一个完整且连续的装饰面，在空间中创造出高度统一、连贯的装饰效果，有助于强化空间的整体感和稳定性，尤其适用于大面积、连续性装饰需求的场合。

称布局，而是自由散布在整个装饰面上，显得生动活泼且富有自然气息。

带纹（或称"边饰纹""连续纹样"）：带纹是指连续不断的线条或图案沿着某一方向重复排列形成的纹饰，如同环带般缠绕或横贯于器物表面。例如环带纹、连珠纹、回纹等，这些纹饰多用于边缘装饰或作为主体图案的辅助背景，具有很强的视觉引导作用和节奏美感。

网纹（或称"网格纹""编织纹"）：网纹是以纵横交错的线条构成网格状的纹饰，如蒲纹、龟背纹、席纹等，这种纹样常模拟编织物或者自然界的纹理，给人以结构严谨、秩序井然的感觉。

（3）层次与空间

在陶瓷装饰中，采用刻划花、印花、剔花等多种手法，创造出多层空间效果，使画面有远近之分、层次分明。织物纹样则利用经纬线交织的特点，通过不同颜色丝线的运用，构成深浅变化和立体感，比如宋锦中的"活色生香"就是利用不同纬线起花形成的层次效果。动静结合也是其组织特色之一，如龙凤纹饰通常呈现动态飞翔或盘旋的状态，而花卉纹样则静态展示绽放之美，二者相互映衬，营造出生动和谐的视觉效果。

4. 纹样题材

为方便整理宋代纹样资料，有助于更系统地理解和分析宋代的纹样特点，并为深入研究提供清晰的框架，本书将宋代纹样主要分为自然纹样、几何纹样和流行纹样（表 2-3-1）。

表 2-3-1 纹样因子分类

纹样类别	显性因子	具体内容描述	隐喻
自然纹样	花卉等植物	牡丹	象征富贵吉祥
		茶花	代表纯洁与高雅
		梅兰竹菊	梅兰竹菊则合称为"四君子"，分别寓含坚韧不屈（梅）、幽雅恬淡（兰）、清高自守（竹）和孤傲脱俗（菊）的品格
	动物	龙、凤	龙为皇权的标志，凤则代表和平与美德
		鹿	因其谐音"禄"而象征福禄长寿
		鹤	寓意长寿与超凡脱俗
		鸳鸯	夫妻恩爱、和谐美满的象征

续表

纹样类别	显性因子	具体内容描述	隐喻
自然纹样	自然景致	山水纹	常用于表达诗情画意及人与自然的和谐共生
		云纹	传达了飘逸灵动、变化无常的意境，有时也象征祥瑞之气
		波浪纹	取材于江河湖海的水波形态，不仅展现了大自然的韵律之美，还寓含着生命的起伏变迁和面对困难勇往直前的精神内涵
几何纹样	线条、图案	八达晕、卍字纹、球路锦等组合型几何纹龟背纹、席地纹、回纹、波纹、柿蒂纹等	代表无尽的生命力、永恒的幸福以及吉祥万福，长寿，同时也寓含了宇宙循环不息、万物生长的道理
流行纹样	一年景、器物、婴戏纹等	一年景：以四季花卉、瓜果、草木、鸟兽等自然元素为主题，将一年四季的景致浓缩在同一个图案中	象征着四季更替、时序流转以及生命循环不息的美好寓意
		天下乐：又称"灯笼纹"，其内容通常包括各种乐器、人物活动等元素	寓意普天同庆、吉祥欢乐，表达人们对安宁祥和生活的向往与追求
		航海纹：又称"海屋添筹"或"海水江崖"，在古代官服、瓷器及织物上常见，以波涛汹涌的海水、山崖峭壁、海浪中的船只、仙鹤、鹿等为基本元素	象征疆域辽阔、国家繁荣昌盛以及海外贸易交流频繁
		婴戏纹：以儿童游戏玩耍为主题，表现孩童天真烂漫、无忧无虑的情景	寓意多子多福、家族兴旺
		花中有花纹样：也称为"花套花"或"锦地开光"，是将小型花卉图案作为背景，同时在其中绘制较大的主体花卉，形成一种繁复且富有层次感的装饰效果	代表吉祥、美好与祥瑞

（1）自然纹样

1）花卉纹样。在宋代，花纹不再像唐朝那样过多地采用对称图案，写生式的折枝花成为当时的时尚。

莲花纹　在宋代的文化生活史中，莲花纹饰艺术在瓷器及各类工艺品上的运用达到了一个前所未有的繁荣阶段。这种繁荣不只是广泛的运用，更是各种思潮解读的综合体。

在宗教层面，莲花延续了佛教文化中的神圣地位，被视为洁净与超凡入圣的标志，常用来比喻菩萨或佛祖从世俗世界中升华，象征着精神层面的觉醒与解脱。追溯至魏晋南北朝时期，佛教文化的广泛传播与深入民心，莲花作为其圣洁的象征符号开始普及，并随着宗教信仰的兴盛而逐渐渗透到社会生活的各个方面。到了宋代，莲花图案不再仅限于宗教领域，而是进一步拓展至民间和宫廷装饰艺术，成为宋瓷上不可或缺且备受青睐的主题元素，彰显出当时工艺美术技艺的高度发展（图2-3-46~图2-3-48）。

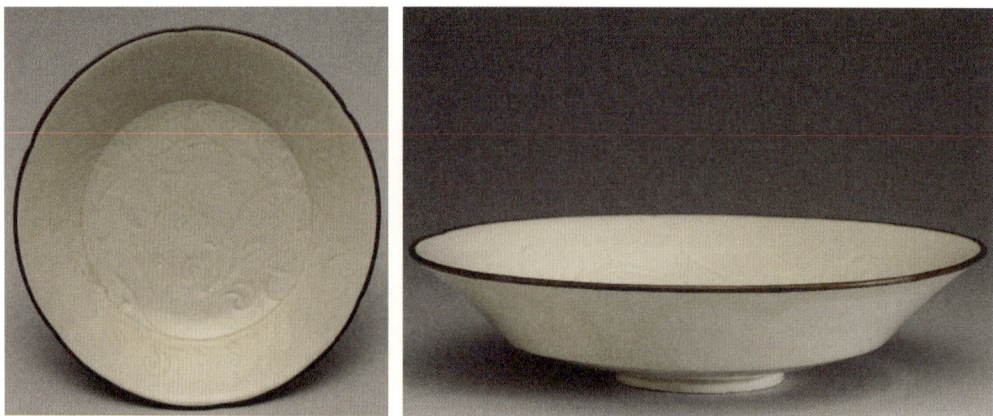

图2-3-46 [北宋]定窑白瓷划花莲纹葵花式盘❶

图2-3-47 [北宋]磁州窑白地黑花把莲纹枕划花
彩绘，上海博物馆藏

图2-3-48 [北宋]沙埠窑莲花纹青瓷执壶❷

---

❶ 全高4.5厘米，口径20.3厘米，底径6厘米，足径5.7厘米，六瓣花口盘，撇口、折腰、小矮足。器里折腰痕明显，底宽平微凹下。通里划花为饰，斜出折枝带叶荷花，三朵盛开的花朵摇曳，满占盘面。全器满釉，仅口边窄沿镶铜扣。划花工艺是一种传统的手工艺技术，通常用于表面装饰。这种工艺的特点是通过使用刀具或其他尖锐的工具在材料表面刻划出花纹或图案，以达到装饰或雕刻的效果。

❷ 黄岩西街出土。壶为撇口长颈、鼓腹、圈足，腹部两面开光刻莲花纹，开窗之间刻四根阳线作为分割线，胫部刻莲瓣纹。施满釉，釉色青绿，高15.9厘米，为国家三级文物。

　　莲花纹样以其独特的美学内涵和丰富的文化寓意脱颖而出，它不仅体现了宋人卓越的艺术造诣，更是深层次地反映了他们深邃的文化底蕴以及独特的审美情趣。莲花图案凭借其优雅的姿态和坚韧的生命力，被赋予了多元化的象征意义。宋人设计出形态各异、生动传神的莲花纹样，既有写实细腻的荷塘景色再现，也有抽象精练的缠枝莲纹样式❶（图2-3-49），充分展现了宋人崇尚自然、追求和谐之美、偏好简约雅致的艺术风格（图2-3-50）。

图2-3-49　[南宋]镂空刷印缠枝莲花边，福建福州黄昇墓出土

图2-3-50　[南宋]交领莲花纹亮地纱袍中的莲花纹样❷

---

❶　缠枝式纹样以植物的茎叶、花朵或果实为主题，采用涡旋和波浪的形式构建图案。在这种纹样中，曲线以正向或反向相互交融，形成连续的波动，可以向四周或两侧灵活延伸，以适应不同的装饰需求。这种设计手法赋予纹样一种生机盎然的感觉，仿佛植物在蔓延生长，呈现出自然而富有动感的美感。

❷　黑纱地饰莲纹四方连续纹样，仰莲花花相连，覆莲花叶交接，清雅别致。

在道德伦理层面，宋代"义理"思想盛行，对个人内心修养与道德操守有着极高要求。莲花的纯洁无瑕恰好契合儒家所倡导的君子人格特质，成为高洁不屈、廉洁正直品质的理想象征，深深植根于士人阶层的精神追求之中。北宋时期的著名哲学家周敦颐的《爱莲说》中以莲花寓言君子品格，其中名句"出淤泥而不染，濯清涟而不妖"深入人心，体现了他对道德伦理的独特见解和高洁的人格追求。

此外，莲花在中国民间传统文化中还承载着吉祥美好的寓意。"莲"字谐音"连""廉"，寓意着家族兴旺、子孙满堂，同时也寄托了人们对公正廉洁的美好向往。莲花纹样的广泛应用，无疑蕴含了宋人对和谐生活、美满家庭和社会公正的深深祝福。

持莲童子（图 2-3-51）或执荷童子（图 2-3-52）是中国传统艺术中极具象征意义和吉祥寓意的题材，在两宋时期尤为盛行。它们通常以儿童形象出现，手持莲花或荷叶，这种表现形式深深植根于中国传统文化中的生育崇拜和祈福心理。

图 2-3-51 [宋]持莲童子玉饰，上海博物馆藏

图 2-3-52 [宋]执荷童子金耳坠，上海博物馆藏

在宋代，每逢农历七夕节（牛郎织女相会之日），民间习俗中有儿童采摘荷花以示庆祝，并寄寓了"连生贵子""多子多福"的美好愿望。莲花在中国文化中象征纯洁、高雅与生生不息，而儿童扛荷的形象则被赋予了家庭兴旺、子孙繁衍的美好寓意。

持莲童子不仅出现在民间生活习俗中，更常见于各种工艺品创作中，如瓷器、玉器、木雕、泥塑等，制作工艺精良，造型生动活泼，成为体现宋代乃至后世民俗风情和审美情趣的重要载体，其制作技艺和文化内涵一直流传到元明清时代，成为中国传统艺术宝库中的经典元素之一。

同时，这一形象还具宗教元素，宋代孟元老的《东京梦华录》记载："七夕前三五日，车马盈市，罗绮满街，旋折未开荷花，都人善假做双头莲，取玩一时，提携而归，路人往往嗟爱。又小儿须买新荷叶执之，益效颦磨喝乐。"❶ "磨喝乐"，作为从佛教中演变而来的形象，最初代表的是佛祖释迦牟尼之子，后逐渐被汉化为天真无邪、纯洁童真的孩童形象（图2-3-53），并融入中国的传统节日习俗，充分展示了宋代民间文化的繁荣景象和多元化的信仰表达方式。

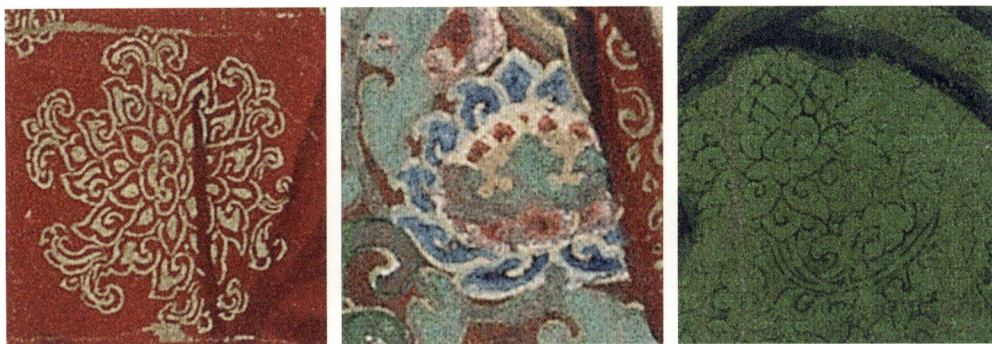

图2-3-53. [北宋]苏汉臣《货郎图》（局部）❷

牡丹纹 牡丹有"人间第一香""百两金"等富丽堂皇的名号，周敦颐在《爱莲说》中曾描绘："自李唐来，世人甚爱牡丹……牡丹，花之富贵者也。"牡丹是中国传统装饰艺术中一种极为重要的图案，它象征着富贵、繁荣与吉祥。牡丹被誉为"花中之王"，隐喻国家的强盛和社会的安定繁荣，因此成为皇家和民间普遍采用的装饰主题。其图案设计既注重写实性，细腻描绘牡丹盛开时的丰满花瓣和富丽色泽，又融合了文人士大夫阶层崇尚的淡雅清逸之风，创造出既有贵气又不失高雅的艺术效果。

《齐东野语》曾描绘唐宋时期人们将牡丹作为服饰装饰品的情境："群伎以酒肴丝竹，次第而至。别有名姬十辈皆衣白。凡首饰衣领皆牡丹，首带照殿红一枝，执板奏歌侑觞，歌罢乐作乃退。复垂帘谈论自如。良久，香起，卷帘如前。别十姬，易服与花而出。大抵簪白花则衣紫，紫花则衣鹅黄，黄花则衣红，如是十杯。衣与花凡十易。所讴者皆前辈牡丹名词。"❸文中描写的歌舞表演情景，充满了丰富的色彩、音乐与诗词之美，

---

❶ 孟元老. 东京梦华录笺注［M］. 伊永文，笺注. 北京：中华书局，2007：781.

❷ 所绘婴童所着服装上有多种莲花纹样，足见当时莲花纹样的流行性和广泛性。

❸ 周密. 齐东野语［M］. 张茂鹏，点校. 北京：中华书局，1983：374.

正是十位名姬身着白色衣裳,她们的首饰与衣领处都装饰有牡丹图案,以凸显华贵与典雅。每位名姬头戴"照殿红"牡丹一枝,象征富贵吉祥,所有名姬演唱的歌曲均为历代歌颂牡丹的著名词作。

在设计上,除了作为单独纹样(图2-3-54)出现,牡丹纹常与其他吉祥元素如莲花、菊花、缠枝花卉等结合,构成丰富多变的组合图案(图2-3-55)。

图2-3-54 [南宋]牡丹纹

图2-3-55 [宋]磁州窑白地剔花缠枝牡丹纹梅瓶(左)、黄褐色牡丹花心织莲花罗(右)

其他花纹 菊花,因其历尽风霜而后凋,有凛然之气,而位列"花中四君子"之一。作为中国古典文学中的一个重要意象,菊花经常出现在历代文人墨客的诗词中,象征着高洁、坚韧和淡泊名利的精神。"不是花中偏爱菊,此花开尽更无花",元稹偏爱菊花,并非无因,是因为菊花在百花凋零之后仍然盛开,象征着坚韧不拔、高洁孤傲的品质,以及对晚秋时节的坚守;"待到秋来九月八,我花开后百花杀。冲天香阵透长安,满城尽带黄金甲",黄巢以菊花之盛放寓意其才华终将得到展现,且势不可挡,展现自己改天换地的英雄气魄;"宁可枝头抱香死,何曾吹落北风中",郑思肖托菊花剖白自己至死不渝的民族气节。"黄菊开时伤聚散。曾记花前,共说深深愿。重见金英人未见,相思一夜天涯远",黄菊开时,是双方离别之时,也是相约重逢之时,晏几道的诗中黄菊成为他们离合聚散的标志。菊花的形象和寓意在各种艺术创作中被赋予了多重文化价值和社会意义,不仅仅是对自然美的赞美,也是对文人士大夫精神追求的体现。

宋代菊花纹主要是图案式菊花纹,有单枝菊朵形式和缠枝形式(图2-3-56)。菊花单独构成纹样时,寓意长寿、高洁、隐逸;菊花与其他纹样组合运用时,多作为辅助纹样来衬托主题纹样。例如,菊花与松树组合,寓意"松菊延年",常用于祝寿,象征着像松树一样常青,像菊花一样经久不衰;与竹子组合,竹谐音"祝",也有祝寿的意思;

与牡丹等四季花卉组合，牡丹象征富贵，菊花代表长寿，寓意长寿富贵、富贵连寿。宋代菊花纹饰在陶瓷上有着非常广泛的应用，包括耀州窑、磁州窑等名窑都有大量菊花纹作品。同时在服饰面料纹样上也有一定的应用，与宋代整体追求的简雅、内敛的艺术风格相契合，体现了宋代文人对于自然和谐、淡泊名利生活的向往。此外，宋代器物如陶瓷、玉器等，也多有花纹装饰（图2-3-57～图2-3-59）。

图2-3-56 [南宋]对襟双蝶缠枝纹绫衫织花纹[1]

图2-3-57 [北宋]定窑瓜式提梁壶[2]

---

[1] 2016年5月浙江黄岩南宋赵伯澐墓出土。直领宽袖，褐色罗缘。黄绫地织缠枝纹二方连续纹样，缠枝间饰双蝶，图案精美。

[2] 台北故宫博物院藏。陶瓷，全高13.5厘米，口径2.5厘米，底径7.0厘米，足径7.0厘米。造型十分具有巧思，壶身形似瓜实，外壁作六棱矮圆器身，小短流，提梁把手作十字形。壶顶面圆凹下，中间留有小圆口，圆口上覆以叶状泥片，两侧泥条搭接于前后向的提梁上，提梁与器身相接处饰有瓜叶三片，使提梁宛如瓜的藤蔓。矮圈足，足底缘无釉，露白胎。全器施牙白色釉，釉色匀润，坚致细白的胎土，莹泽的釉光，堪称北宋定窑的精品。

图2-3-58　[宋]玉孔雀衔花饰❶

图2-3-59　[宋]玉环托花叶带饰❷

　　图2-3-60为缎纹纬锦，蓝色为地，以
小团花❸图案为主题图案，以二二错排形
式排列，团花以两只相视的蜜蜂为圆心，
外围以四朵花卉形成团花，团花较写实。

　　2）动物纹样。动物纹样包括鸟类、
鱼类、昆虫等动物图案。

　　翟纹　以两只锦鸡为一组。古代文献
中的"翟"，通常指一种传说中或现实中
的美丽鸟类，如锦鸡、雉类等，因其华丽

图2-3-60　[宋]小团花锦，中国丝绸博物馆藏

---

❶　长7.6厘米，宽3.8厘米，清宫旧藏。花饰玉色青白，有赭色斑，为半圆形玉片，其上透雕孔雀衔花图案。
　　图案以孔雀为主体，孔雀回首、拖尾，鸟翅一只伸开、另一只下折，口衔花枝，枝上有花两朵，品种不
　　同，是宋代较流行的样式。

❷　直径6.5厘米，清宫旧藏。为白玉所制，表面有褐色斑。圆形，多层次，下层为一圆环，上层镂雕花卉，
　　似为百合，中部两朵花交错，周围饰叶、花，叶上用深、浅两种阴线表现出花叶的筋、脉，图案简练紧
　　凑。左侧近环处露一孔，以备穿带。此带饰的图案为典型的宋代花卉图案，主要特点为花叶简练紧密，花
　　及叶的数量不多，用大花、大叶填满空间，图案表面少起伏，叶脉以细长的阴线表现，在透雕的表现方法
　　上注重图案的深浅变化而无明显的层次区分。

❸　小团花的特点是其图案设计以小型团花为主，团花图案紧凑且精致细腻，色彩丰富而和谐，布局匀称雅
　　致，体现了宋代艺术审美的典雅与内敛。这种织锦多用于服饰、书画装裱、屏风挂饰等，具有很高的实用
　　性和观赏性。由于宋锦制作工艺繁复，需要通过复杂的提花技术，将各种颜色的丝线交织成形，使小团花
　　锦在当时极为珍贵，成为皇家贵族及文人士大夫阶层的钟爱之物。

的羽毛色彩和形态而被视为祥瑞之物。《宋史·舆服志》与《政和五礼新仪·冠服》中都记载这是皇后袆衣的纹样，袆衣主体采用深青色丝织品制成，上面绣有以红色为底的翟鸟图案，五彩斑斓，共计十二个等级的纹饰层次，显示了其制作工艺的繁复和精致（图2-3-61、图2-3-62）。

图2-3-61　[宋]佚名《宋英宗后坐像轴》（局部）皇后袆衣上的翟纹，台北故宫博物院藏

图2-3-62　[宋]凤纹瓷瓶

龙纹　宋代以后龙的形象已经基本定型，郭若虚在《图画见闻志》中对画龙的方法进行了深入总结和提炼，他提出的"折出三停"强调了龙体结构的分段式处理，即头部至胸部、胸部至腰部、腰部至尾部，这三个主要部分应当体现出节奏性的转折变化和粗细不同的线条运用，以表现龙体的流动与力量感。

而"分成九似"的原则，则是中国古代对于龙形象的一种经典描述，通过将龙的不同部位比喻为自然界中的九种动物特征来丰富和完善龙的形象设计：角似鹿（象征祥瑞），头似蛇（灵活神秘），眼似鬼（威猛锐利），颈似蛇（蜿蜒曲折），腹似蜃（寓意奇幻），鳞似鱼（水生生物的象征），爪似鹰（锐利有力），掌似虎（勇猛稳健），耳似牛（稳重厚实）。这样的描绘方式旨在捕捉龙在不同情境下的生动姿态，如水中游弋时的自在与空中飞翔时的雄浑气势，以达到传神写意的效果（图2-3-63、图2-3-64）。

图 2-3-63　[宋]缂丝百花撵龙纹，故宫博物院藏

图 2-3-64　[北宋]磁州窑白
釉黑剔花龙纹瓶，故宫博物院藏

其他鸟类　紫鸾鹊谱（图2-3-65）是宋代的缂丝名品，尺寸约为纵131.6厘米，横55.6厘米，画面完整地保存了两组连续的花鸟图案，每组由五横排花鸟构成，连续不断的枝叶将花卉与禽鸟紧密联系起来，形成了一幅极具生活气息和艺术价值的宋代缂丝画卷。《存素堂丝绣录》有记载描述："宋刻丝紫鸾鹊谱。紫色地五采织。纵四尺一寸，横一尺七寸三分；厥文鸟章，惟禽九品。一为文鸾，二为仙鹤，三为锦鸡，四为孔雀，五为鸿雁，六为白鹇似鹊，七为鹭鹚，八为鸂鶒，九为黄鹏，形似练雀。和鸣飞期，其数皆偶。刻丝花色青紫间杂，衬以文藻。每纵横二尺有余尽一谐，迵环累列如织锦程式。一段尽更易上谱。此本分为两段，盖锦

图 2-3-65　[北宋]缂丝紫鸾鹊谱包首，辽宁省博物馆藏

襟所余尺头也。"❶鸾鹊是吉祥、美好的象征，寓意着富贵、吉祥如意、婚姻美满等美好祝愿，织锦中鸾鹊口衔瑞枝，相对飞翔于繁花之中，表现出自然界和谐繁荣的景象。

宋代的鸟类缂丝作品大多细腻雅丽、生趣盎然（图2-3-66、图2-3-67）。如宋代缂丝花鸟图轴，采用平缂、搭缂、盘梭、长短戗、木梳戗、合色线等繁复的技法将花叶的晕色、鸟羽的纹理表现得惟妙惟肖，行梭运丝的细巧使所缂物象线条柔美，色泽鲜丽，较好地表现了原画细腻柔婉、高雅华贵的艺术风格。

图2-3-66　[南宋]朱克柔《莲塘乳鸭图》，上海　　　图2-3-67　[宋]缂丝花鸟图轴，故宫博物院藏
　　　　　　博物馆藏

除了写实的技法之外，在图形的描绘上也有几何主义的画风出现（图2-3-68）。1987年，在贵州平坝棺材洞的考古发掘中，出土了一件珍贵的宋代鹭鸟纹彩色蜡染褶裙（图2-3-69）。这件服饰瑰宝的裙腰部分采用麻质材料制作而成，色泽古朴自然，其长度为31厘米；裙身主体部分则以棉质土布编织，整体长62.5厘米、宽51.2厘米。

裙上的蜡染图案分为上下两个鲜明层次：上半部分生动展现了翱翔的鹭鸟主题，图案摹取的是早期铜鼓上的鹭鸟纹，画面大、线条流畅、着色不多，融欢乐、严谨、热烈、大方于一体，形象栩栩如生，每只鹭鸟均呈昂首展翅之态，屈曲的肢体与修长的尾羽交相辉映，周围点缀着和谐排列的几何图形作为陪衬，使整个图案布局丰满而富有韵律感。下半部分则采用了黄蓝两色条纹相互交替的弦纹设计，宛如流淌的旋律，空白区域也似流云般飘逸。

---

❶　田自秉，吴淑生，田青. 中国纹样史［M］. 北京：高等教育出版社，2003：287.

图2-3-68　鹭鸟纹

图2-3-69　[宋]鹭鸟纹彩色蜡染褶裙❶

---

❶ 贵州博物馆藏。这件集合了挑花、刺绣与蜡染三大传统工艺于一体的"鹭鸟纹彩色蜡染褶裙",以其繁复
多变的纹饰设计和丰富多彩的色调,生动再现了早期铜鼓上的鹭鸟纹,画面大气而不失细腻,线条流畅且
着色典雅,体现了古代少数民族卓越的艺术审美观和高超的手工艺水平,对于研究贵州地区乃至中国古代
蜡染技艺的发展历程、民族服饰文化的演变及其内涵具有极高的实物证据价值。

整件褶裙以黄蓝两色为主基调，并展现出浓淡不一的变化，这是经过两次以上封蜡工艺处理后所形成的独特艺术质感。裙摆下沿的部分在挑花和刺绣之间过渡，自上至下呈现出由黄蓝丝线精巧织就的"万"字纹样，图案变幻莫测，仿佛蕴含了树木、人物、走兽以及环形等多种元素，其间夹杂着挑花席纹装饰。

（2）几何纹样

宋代时期，几何纹样的应用和发展确实达到了一个高峰。在继承前代的基础上，融入了更多本土化和创新设计。中亚西域外来文化的输入也为宋代的织锦艺术带来了新的灵感，使几何纹样在保持中国传统美学的同时，增添了异域风情的装饰性元素，进一步丰富了纹饰的种类与表现手法。几何纹样的表现方式多种多样，可以作为独立的纯几何装饰图案，也可作为其他具象纹样的框架或背景填充，增强了整体纹饰的层次感和视觉效果。这一时期的几何图案在构图上精致复杂、元素多样且排列有序，不仅体现了工匠们的高超技艺，也展现了当时社会审美与文化交融的特点。

1）锁子纹。锁子纹（又称连锁纹，图2-3-70），是模仿锁子甲的形状，象征连绵不断。宋《营造法式》有记载："锁文有六品，一曰锁子，连环锁、玛瑙锁、叠环之类同；二曰簟文，金铤文、银铤、方环之类同；三曰罗地龟文，六出龟文、交脚龟文之类同；四曰四出，六出之类同；五曰剑环；六曰曲水。"

2）球路纹。球路纹（又称毬路纹，图2-3-71），是一种独特的四方连续图案设计。这种纹饰的基本结构是以一个大的圆形为核心，围绕这个中心圆点，在其上下左右四个方向以及四角位置搭配一系列小的圆形，这

图2-3-70 [宋]褐色锁地团花纹锦残片 ❶

---

❶ 苏州丝绸博物馆藏。该残片出土于内蒙古阿鲁科尔沁旗的耶律羽之墓，1992年抢救性发掘，列当年全国考古十大新发现之一。图案以几何纹铺地，团花均匀间隔。

些圆形相互套叠、相互联结，形成一种循环扩展的骨架布局。

　　球路纹以其严谨而富有韵律感的几何构图展现了中国古代匠人对秩序美和循环不息理念的深刻理解。在搭建好的圆形骨架内部，通常会填充各类寓意吉祥或象征自然生机的图案，如鸟兽、花卉等，使整个纹样既具有抽象的几何美感，又富含生动活泼的自然意象，体现了中国古代装饰艺术中天人合一与和谐共生的设计哲学（图 2-3-72）。

图 2-3-71　[北宋]球路双鸟纹锦

图 2-3-72　球路龟背纹

3）八达晕。八达晕（又写作"八答晕""八达韵"，同时又名天华锦和宝照锦）有四通八达、八路相通的美好寓意，是宋代典型的纹样（图2-3-73），也是宋锦的主要花色之一（图2-3-74）。"八达"意为其纹样形式以圆形为中心，向上下左右和斜向共八个方向伸展骨架线，构成以圆形和方形框架为主的网状结构，并在框架中填入几何纹和花卉、动物纹样，是一种繁复华丽的复合纹样。"晕"是指织线之间色彩交叠，浅淡不一，并以此创造出丰富的色彩层次感和节奏韵律美。

元朝文献，如费著《蜀锦谱》记载北宋成都转运司锦院所产蜀锦的花色有八达晕、六达晕等；戚辅之《佩楚轩客谈》记载蜀锦花式有长安竹、雕团、象眼、宜男、宝界地、天下乐、方胜、狮团、八达晕、铁梗襄荷等，称为"十样锦"；陶宗仪《南村辍耕录》记载书画装裱用材时也提到了八花晕（即八达晕）的织锦。可见八达晕的形成至迟在北宋。结合北宋《营造法式》的建筑纹样来看，藻井图案中有"斗八"等形式，其实就是八块不同纹样拼合形成图案，其意思与织锦上的"八达晕"类似，也即通过四通八

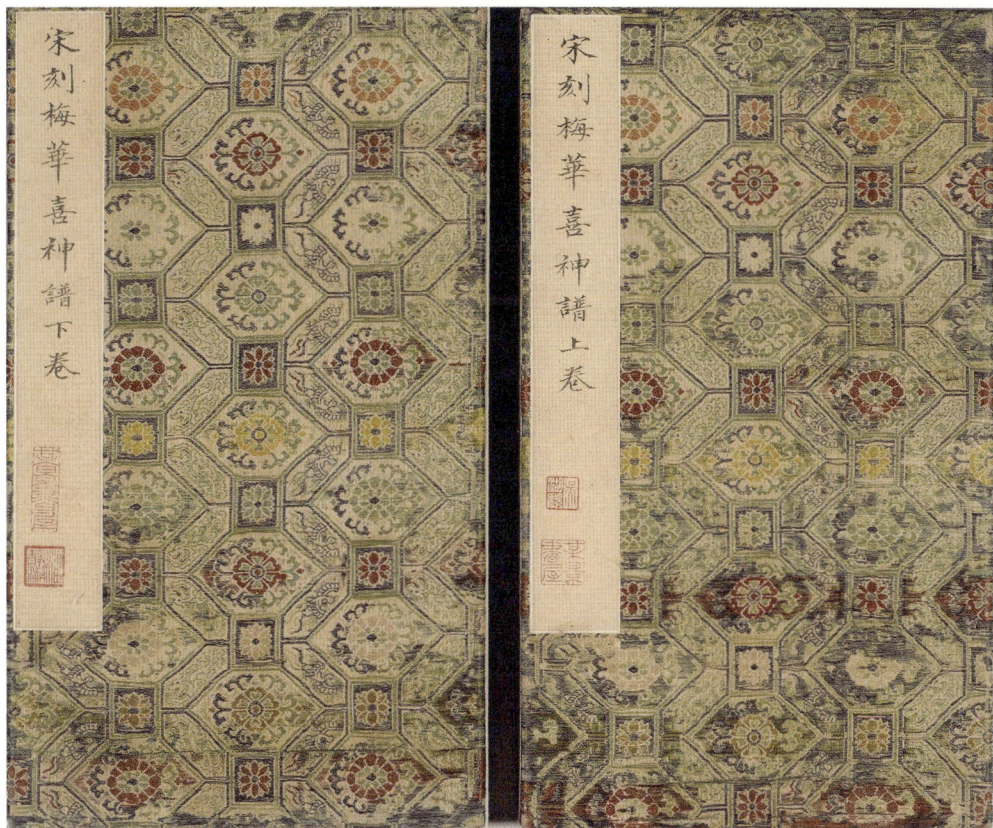

图2-3-73　[南宋]景定二年刊《梅花喜神谱》封面，上海博物馆藏

图2-3-74　[宋]八达晕纹织锦（局部），上海图书馆藏

达的骨架线，将不同纹样嵌填在由骨架线构成的几何区域内，形成繁花似锦的图案。

4）**其他纹样。**水波纹、盘缘纹、瑞花纹等，模拟自然界的形态，富有动态美感（图2-3-75）。冰裂纹、回纹、龟背纹等，则源于对自然界纹理的模仿以及对长寿和稳固的向往。方棋纹、簟纹、双胜纹、四合纹、象眼纹等，取材于生活中的常见物品形状（图7-3-76、图2-3-77）。万字纹（即卐字纹）为佛教纹样，寓意吉祥万福（图2-3-78）。

图2-3-75 [南宋]几何菊花纹绮

图2-3-76 [南宋]四合如意纹图

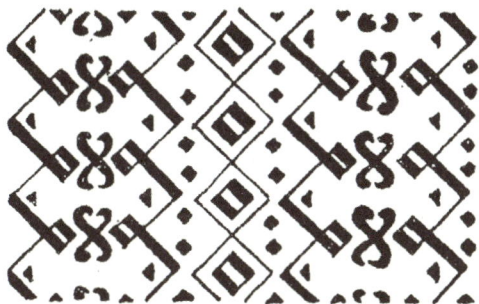

图2-3-77 [南宋]褐黄色绫8花菱纹图

图2-3-78 [南宋]梅花万字方胜[1]图

❶ 方胜是吉祥图符的一种。古人认为八件宝物，其数多于八，其物诸如珠宝、古钱、玉磬、祥云、犀角、红珊瑚、艾叶、蕉叶、铜鼎、灵芝、银锭、如意，方胜，任取其中八种即为"八宝"。

（3）流行纹样

1）一年景。南宋诗人陆游在《老学庵笔记》记载："靖康初，京师织帛及妇人首饰衣服皆备四时，如节物则春幡、灯球、竞渡、艾虎、云月之类，花则桃杏花、荷花、菊花、梅花，皆并为一景，谓之'一年景'。"[1]京师妇女喜爱用四季景致为首饰衣裳纹样，从丝绸绢锦到首饰、鞋袜，'皆备四时'，从头到脚展示一年四季景物的穿戴，称为一年景（图2-3-79～图2-3-82）。《中国服饰大典》对宋代的"一年景"进行解释说明："汉族服饰。古代妇人的一种衣饰。在北宋钦宗靖康年间流行。因将四季的桃、杏、荷花、菊花、梅花绣于一身，故称。当时还流行一年景的花冠。妇女头戴用绢花做的花冠，把桃、杏、荷、菊、梅合插一冠上，谓之一年景。"[2]

图2-3-79　[宋]佚名《宋仁宗后坐像》（局部）满头簪花侍女，台北故宫博物院藏

图2-3-80　[南宋]黑漆嵌螺钿楼阁人物图菱花形盒，上海博物馆藏

图2-3-81　[南宋]深褐色绮牡丹芙蓉荷梅图[3]

---

1. 陆游. 老学庵笔记[M]. 杨立英，校注. 西安：三秦出版社，2003：83.
2. 徐海荣. 中国服饰大典[M]. 北京：华夏出版社，2000：1.
3. 福建福州南宋黄昇墓出土的250号背面，右面半幅上段为提花牡丹、芙蓉、荷花、梅花等。图片来源：福建省博物馆. 福州南宋黄昇墓[M]. 北京：文物出版社，1982：106.

图2-3-82　[南宋]一年景霞帔

2）落花流水纹。这一独特的织锦艺术样式最早诞生于中国宋代的成都地区，由蜀锦工匠借鉴唐代诗人描绘的"桃花流水杳然去，别有天地非人间"的诗意意境，以及宋词中"落花流水红"等象征性表达，精心设计并创新织造而成。因其设计理念蕴含着花朵随水流而去的自然景象，因此被命名为"落花流水"锦，另外也有曲水纹、紫曲水之称。这种纹饰在宋代极为流行，它通常表现为单朵或折枝形态的梅花、桃花等花卉图案与流畅起伏的水波浪花纹相互交织，形成一种富有动态美感和深远文化内涵的装饰风格（图2-3-83、图2-3-84）。

图2-3-83　[宋]织锦落花流水纹

图2-3-84　[宋]耀州窑青釉瓷碗上的落花流水纹 [1]

第四节
元素重要性权重评估

本节使用层次分析法对宋韵文化数据进行权重分层。层次分析法（Analytic Hierarchy Process，AHP）是一种定性和定量相结合的决策分析方法，由美国运筹学家萨蒂（T. L. Saaty）在20世纪70年代提出。该方法的基本思想是将复杂、多目标和难以直接量化的问题进行结构化处理，通过逐层分解问题，形成一个从上至下、有序递进的层次结构模型。

---

[1]　图片来源：华强，华沙. 落花流水纹考 [J]. 中国美术研究，2018（1）：130-135.

一、建立层次模型

首先将问题按照目标、准则和方案等要素进行层次划分，通常分为目标层、准则层和方案层（或称为备选方案层）。每一层代表一个决策层级，上一层的元素指导并决定下一层元素的选择。

二、构建判断矩阵

对每个准则层下的各因素，根据它们相对上一层的重要性程度两两比较，用数值标度表示，并据此构造出判断矩阵，AHP采用1～9标度法（表2-4-1），其中：

1代表两个因素同等重要；

3表示一个因素稍比另一个更重要；

5表示一个因素明显比另一个更重要；

7表示一个因素强烈比另一个重要；

9表示极端重要，几乎完全占优；

2、4、6、8分别表示上述标度的中间值。

表2-4-1　**判断矩阵标度重要性**

评价因素相对重要性	标度
a、b元素同等重要	1
a元素比b元素稍微重要	3
a元素比b元素明显重要	5
a元素比b元素强烈重要	7
a元素比b元素极端重要	9

对于每一个因素F_i，与其他所有因素F_j进行两两比较，形成一个$n \times n$的判断矩阵A，其中$A(i, j)$表示因素F_i相对于F_j的重要性程度的标度值。例如，对于3个因素（F_1, F_2, F_3），判断矩阵可能如下：

$$\begin{bmatrix} a_{11} & a_{12} & a_{13} \\ a_{21} & a_{22} & a_{23} \\ a_{31} & a_{32} & a_{33} \end{bmatrix}$$

其中，a_{12} 表示 F_1 相对于 F_2 的重要性，a_{21} 则为 F_2 相对于 F_1 的倒数重要性，满足矩阵的互反性，即如果 $a_{12}=5$，则 $a_{21}=\frac{1}{5}$。

三、计算权重

运用数学方法计算判断矩阵的最大特征值及其对应的特征向量，从而得出各个因素相对于其所在层的相对权重，如果判断矩阵满足一致性要求，则最大特征根对应的归一化特征向量就是各个因素相对于上一层准则的权重向量。

通过这种方式得到的权重向量，可用于后续的决策分析，确定每个因素在整体决策结构中的相对重要性。在研究中使用归一化权重计算公式来计算。归一化权重计算通常指的是在需要对多个数值进行比较或综合评估时，确保它们的总和为一定的值（通常是1或100%），从而消除量纲影响，或者让各个指标在统一的标准下进行比较。公式如下：

$$\overline{W_i} = \left(\prod_{j=1}^{n} a_{ij} \right)^{\frac{1}{n}}$$

$$W_i = \overline{W_i} \Big/ \sum_{j=1}^{n} \overline{W_j}$$

式中，a_{ij} 表示第 i 个因素的第 j 个得分，$\overline{W_i}$ 表示第 i 个因素的权重，W_i 表示归一化权重。

在权重模型中将形制和纹样两个模块分类，并按照每一个分类进行权重计算，选取权重值较大的模块进行重点强化训练，增加表现概率。

四、一致性检验

为了确保判断矩阵的有效性，需要对其进行一致性检验。计算判断矩阵的一致性指标 CI（Consistency Index），并与随机一致性指标 RI（Random Consistency Index）对比，计算一致性比率 CR（Consistency Ratio）。若 CR 小于或等于某个阈值（一般为 0.1），则认为判断矩阵具有良好的一致性。

CI 为一致性指标，是用来测量判断矩阵的不一致性程度的数值。对于一个 n 阶的判断矩阵，CI 的计算公式为：

$$\lambda_{\max} = \frac{1}{n}\sum_{i=1}^{n} \boldsymbol{a}_i \boldsymbol{W}^{\mathrm{T}} / \boldsymbol{W}_i$$

$$CI = \frac{\lambda_{\max} - n}{n-1}$$

式中，$\lambda_{\max}$ 表示最大特征值；n 为指标总数，即矩阵的行数；$\boldsymbol{a}_i$ 为第 i 个指标打分的行向量；$\boldsymbol{W}^{\mathrm{T}}$ 为 $\boldsymbol{W}$ 的转置，即把列向量 $\boldsymbol{W}$ 转为行向量，用来跟 $\boldsymbol{a}_i$ 相乘；$\boldsymbol{W}_i$ 为第 i 个指标的权重。

CR 为一致性比率，是通过比较 CI 和 RI 来确定判断矩阵一致性好坏的标准。RI 为随机一致性指标，是针对特定阶数的判断矩阵，在理想情况下（即完全随机赋权条件下）期望的一致性指标值。RI 值是根据大量随机判断矩阵计算得出的经验值表，不同的阶数有不同的 RI 值。CR 的计算公式为：

$$CR = \frac{CI}{RI}$$

一般认为，若 CR 小于 0.1，则认为判断矩阵具有良好的一致性；若 CR 大于 0.1，则说明判断矩阵存在较大的不一致性，需要调整判断矩阵中的权重分配，直至达到满意的一致性水平。

五、综合评价

依据各层元素权重及下层元素对上层元素的影响，逐层合成权重直至达到最顶层的目标层，最终得到不同方案相对于总体目标的优先级排序，从而帮助决策者做出最优选择。

按照专家组意见，对造型和纹样的数据分别进行评估维度分析，选取最有代表性的元素进行权重评估。其中，在分析造型权重时，放弃语义因子，在款式和造型细节中选取最有代表性的部分进行权重判断，结果见表 2-4-2；在分析纹样权重时，从构图、语义、内容、组合、质地和风格六个维度进行权重判断，结果见表 2-4-3。

表2-4-2 造型权重判断

B1 造型权重	C1 簪戴	C2 右衽	C3 褙子	C4 方心曲领	C5 抹胸	WB1 权重值1
C1 右衽	1	2	1	2	5	0.232
C2 簪戴	1/2	1	1	1	2	0.131
C3 褙子	1	1	1	4	7	0.249
C4 方心曲领	1/2	1	1/4	1	2	0.179
C5 抹胸	1/5	1/2	1/7	1/2	1	0.209

表2-4-3 纹样权重判断

B2 纹样权重	C1 纹样构图	C2 纹样语义	C3 纹样组合	C4 纹样质地	C5 纹样内容	C6 纹样风格	WB2 权重值2
C1 构图	1	4	1	8	1	8	0.151
C2 语义	1/2	1	1	2	1	2	0.213
C3 内容	1	1	1	9	1	9	0.168
C4 组合	1/8	1/2	1/9	1	1	1	0.158
C5 质地	1	1	1	1	1	8	0.181
C6 风格	1/8	1/2	1/9	1	1/8	1	0.129

RI 是平均随机一致性指标，是一个根据判断矩阵的阶数（即比较的要素数量）预先确定的值。不同阶数的判断矩阵对应的 RI 值一般为经验值，由美国运筹学家托马斯·赛蒂（Thomas L. Saaty）提供。数字为权重矩阵总数（比较元素数量），根据表2-4-4类推，随着矩阵阶数的增加，RI 值也会逐渐增大。

表2-4-4 平均随机一致性指标表

n	1	2	3	4	5	6	7	8	9
RI	0	0	0.58	0.9	1.12	1.24	1.32	1.41	1.45

由一致性结果（表2-4-5）可知，造型权重和纹样权重皆低于0.1，该判断矩阵具有一致性，可以接受并进行后续工作。

表2-4-5 一致性结果检验

一致性结果检验	B1 造型权重	B2 纹样权重
CI	0.021	0.09
RI	1.12	1.24
CR	0.019	0.072

第三章

数字时空中的华袍重生：

宋韵汉服生成式模型数据

处理与模型训练

通过运用先进的机器学习算法，能够高效而系统地处理大量宋韵文化元素数据，成功将原本耗时费力的手工分析过程自动化，从而显著提高研究工作的效能。以宋代服装纹样为例，通过对海量宋韵文化艺术纹样的深度挖掘与智能解析，机器学习能够精准提炼出最具典型意义的文化符号。训练精确的深度学习模型，可以实现对服饰图案的细致分类与准确识别。设计师便能巧妙地将这些承载着厚重历史信息的传统纹样融合进现代服装设计理念之中，创造出既深植历史底蕴又契合当代审美的服装设计作品，让传统美学与现代审美在设计领域达成和谐共生。

此外，借助扩散模型等前沿技术手段，研究者还能够结合宋韵文化元素与现代设计理念，生成全新的具有鲜明宋韵风格的图案与纹理。这些新颖的设计素材广泛适用于时尚设计、家居装饰、广告创意乃至游戏开发等多个行业，这种跨时代的创造性应用不仅拓宽了现代设计的表现维度和内容层次，更赋予了宋韵文化的传承与发展前所未有的生机与活力。本章着力于探索机器学习工具在该领域的实践应用，主要聚焦于宋韵文化艺术特征工程的构建以及基于生成式神经网络模型的创新性研究两个核心方向：宋韵文化艺术特征工程的数据处理和生成式神经网络模型训练。

第一节
特征工程

在机器学习领域，特征工程是指从原始数据中提取出反映其内在属性的特征的过程，从而使其更好地表达问题本质，并且把数据格式转化成算法更容易理解的形式。这些特征能够被算法用来学习并作出预测或分类。数据是机器学习的基础，高质量的数据能够显著提高机器学习算法效果，简化模型训练，并减少对计算资源的需求。

为了构建一个与研究目标精准契合的高质量数据集，本研究遵循了严谨的方法论和标准：首先，在前期广泛搜集了大量的宋代文化相关图像资源，确保所有图像均具有高分辨率和优良的视觉质量，以便于细致入微地分析宋代艺术作品的细节特征。其次，在收集图像的同时，对每一个信息源进行了深度的文化基因挖掘和设计元素解构，对其所蕴含的历史信息、艺术风格和设计理念进行详尽的文字标注。这一过程严格保证了文字描述与对应的艺术图像之间的一致性和准确性，为后续的数据分析提供了可靠的基础。再次，在构建文本描述时，注重囊括高层的设计理念与抽象概念，同时兼顾低层的具体形态特征和局部属性，充分反映宋代艺术创作的从整体构思到细节实现的过程性特点。最后，为保证数据集内容的全面性和代表性，涵盖了各种社会阶层和生活场景中的物品，从平民日常使用的器具装饰到王公贵族所拥有的高端艺术品，涉及各类艺术类别，从而反映出宋代文化艺术多元而丰富的全貌。

上述原则指导下的数据集构建旨在为宋代文化及艺术的研究提供一套完整且立体的信息资源库，推动学术界更深入、系统地研究和理解该时期的文化艺术。

一、边缘检测

边缘检测是图像处理和计算机视觉中的基本技术，其主要目的是在数字图像中定位那些亮度或强度发生显著变化的区域。这些变化通常对应场景中的物体边界、深度不连续、材质变化或光照突变等重要视觉特征。这种变化可以通过计算图像的一阶导数（可以获得图像梯度的幅度和方向）或二阶导数来检测。一阶导数可以检测出亮度或颜色的变化，而二阶导数可以检测出变化的快慢。使用边缘检测技术从艺术品中提取纹样，既精确又快速，可以大大提高工作效率。

图3-1-1展示了使用边缘检测提取物品纹样的效果，算法可以把大部分复杂的纹理提取出来。其实现逻辑如下文所示。

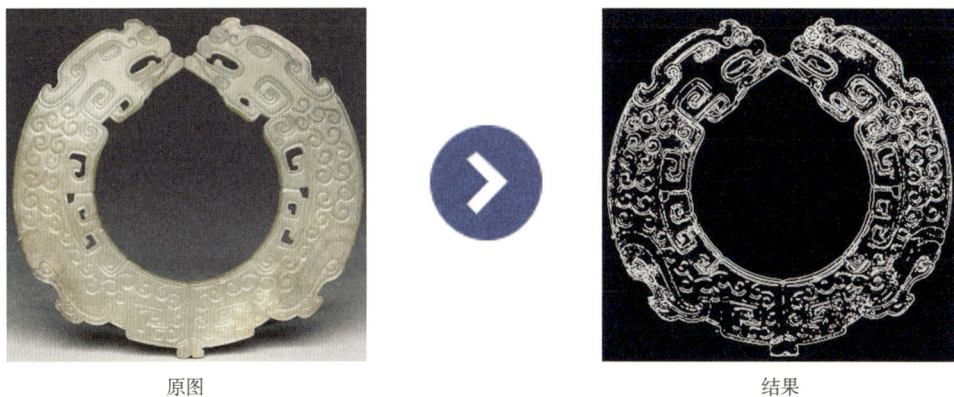

原图　　　　　　　　　　　　　　　　　　结果

图3-1-1　边缘检测提取纹样

滤波：使用滤波器（如高斯滤波器）去除图像中的噪声。通过卷积图像与高斯核函数来实现，这有助于保持边缘的连续性且不会引入额外的边缘点。

计算梯度：梯度是一个向量，它的方向是亮度或颜色变化最快的方向，它的大小是变化的速度。常用的梯度计算方法是索贝尔（Sobel）算子和Prewitt算子。

非极大值抑制：对每个像素点，比较其梯度幅值与其在梯度方向上的邻域内像素的梯度幅值。如果当前像素点的梯度幅值不是在其梯度方向上邻域内的最大值，则认为该点可能不是真正的边缘点，并将其梯度幅值置零。通过这种方式，只保留局部极大值点，从而消除边缘检测中可能出现的虚假响应。

双阈值法：使用双阈值法来确定真正的边缘。选择一个较高的阈值（通常记作 T_{High}）和一个较低的阈值（通常记作 T_{Low}）。这两个阈值用于判断像素是否属于边缘。如果某个像素的梯度强度大于等于高阈值 T_{High}，那么这个像素被确定为强边缘像素。如果梯度强度小于低阈值 T_{Low}，则该像素被认为是背景的一部分，非边缘像素。对于梯度强度位于高、低阈值之间的像素，它们被称为潜在边缘像素。对于这些潜在边缘像素，如果它们与已经标记为强边缘的像素"8邻域"相连（即上下左右或对角相邻），则也将其视为边缘像素。

通过这种方法，Canny边缘检测算法[1]能够在保证边缘连续性和精确性的前提下，有效地抑制噪声影响，从而获得高质量的边缘检测结果。

二、光照校正

由于历史文献和文物资料的保存状况各不相同，光照条件的不同可能导致图像质量的下降，如亮度不均、阴影、反光等。这些因素都可能影响对宋韵文化元素的准确识别和分析。使用光照校正算法可以通过消除图像中的光照不均、阴影和反光等问题，来显著提升图像质量，既能方便研究者在研究工作中更清晰地观察和分析宋韵文化元素，也能为机器学习算法提供更高质量的数据，提升算法效果。

图3-1-2中的反光现象是在拍摄瓷器等光滑物品时常见的问题，整体的反光和局部

---

[1] CANNY J. A computational approach to edge detection [J]. IEEE Transactions on Pattern Analysis and Machine Intelligence, 1986, PAMI-8（6）: 679-698.

高光导致细节不清晰，影响研究者观察，也影响了纹样提取算法的效果。通过光照校正算法，可以显著提升图像质量，纹样提取算法的结果内容细节也更加丰富。

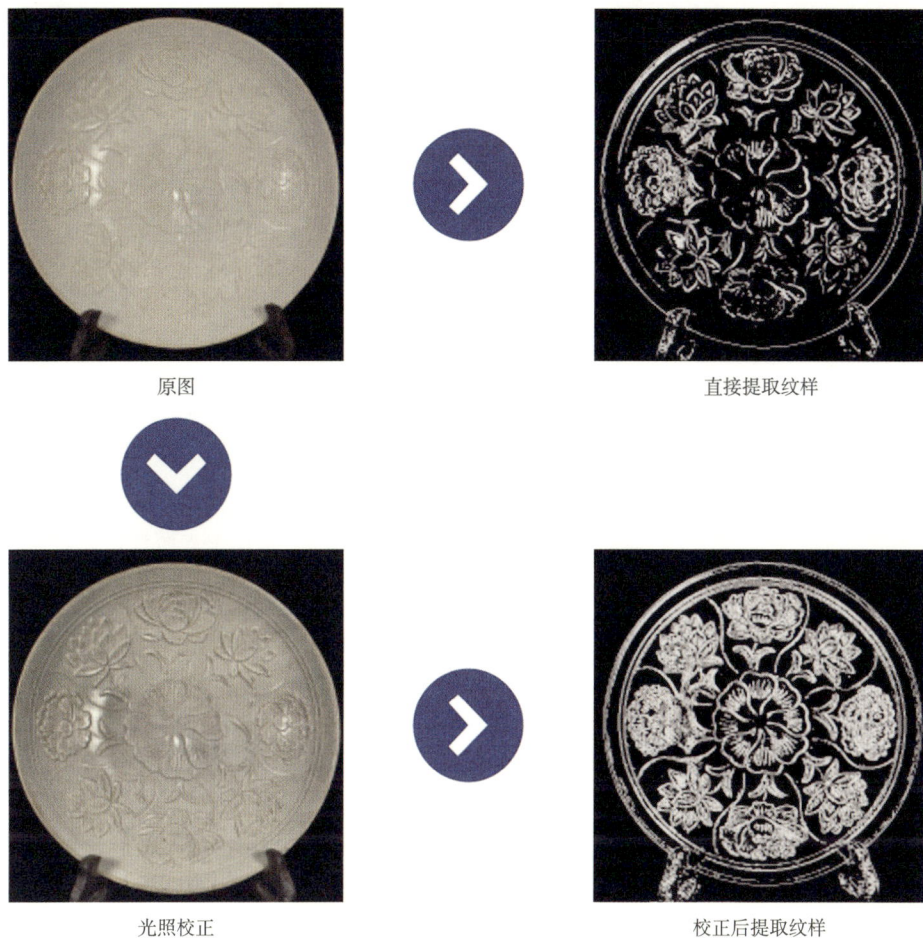

原图　　　　　　　　　　　　　　　　　　直接提取纹样

光照校正　　　　　　　　　　　　　　　　校正后提取纹样

图3-1-2　光照校正效果示意图

光照校正算法在实践中需要根据图像特点结合多个算法配合使用，从而达到预期目标。

（一）直方图均衡化

直方图均衡化[1]（Histogram Equalization，HE）光照校正原理：直方图均衡化技术是

---

[1] TRAHANIAS P E，VENETSANOPOULOS A N. Color image enhancement through 3-D histogram equalization［C］//Proceedings.，11th IAPR International Conference on Pattern Recognition. Vol. Ⅲ. Conference C：Image，Speech and Signal Analysis. The Hague，Netherlands. IEEE，1992：545-548.

一种通过系统性地重新分配像素强度以实现全局对比度增强的有效方法，其核心在于构造一个均匀分布的灰度级谱。具体实施时，该算法首先对输入图像进行灰度直方图统计分析，并据此计算出累积分布函数（Cumulative Distribution Function，CDF），该函数表征了图像中各个灰度级别下像素出现的概率积累。

基于此累积直方图，构建一个非线性的映射关系，该关系将原始图像中的每一个灰度值转换到新的、更广泛的灰度空间内，确保输出图像的灰度分布尽可能趋向于均匀状态。这一过程不仅拓宽了图像的动态范围，而且提升了图像在不同灰度层次上的细节表现力，从而显著增强整体视觉对比度效果。

HE适用场景：在全局对比度较低且需要增强整体细节的图像中使用；适用于图像的背景和前景都比较暗或都比较亮的情况。

（二）自适应直方图均衡化

自适应直方图均衡化[1]（Adaptive Histogram Equalization，AHE）光照校正原理：将原始图像分割为多个独立的子区域或小块（通常称为tiles），然后对每个分块执行独立的直方图均衡化处理。这种方法的核心在于强调和增强局部对比度特性，特别是在图像内部存在显著光照不均或各区域特征差异较大时，其优势尤为突出。

AHE适用场景：当图像的不同区域因为光照原因对比度差异较大时使用；适用于分析立体文物图像时，局部光照不同导致不清晰的情况。

（三）对比度限制自适应直方图均衡化

对比度限制自适应直方图均衡化[2]（Contrast Limited Adaptive Histogram Equalization，CLAHE）光照校正原理：对AHE的一种显著改进。在常规AHE中，尽管可以有效提升图像的整体对比度，但在处理局部区域时，由于未考虑图像各部分固有的光照不均或细节差异，可能引发噪声过度放大等问题。

---

[1] SUND T，MØYSTAD A. Sliding window adaptive histogram equalization of intraoral radiographs：Effect on image quality［J］. Dentomaxillofacial Radiology，2006，35（3）：133-138.

[2] VIDHYA G R，RAMESH H. Effectiveness of contrast limited adaptive histogram equalization technique on multispectral satellite imagery［C］//Proceedings of the International Conference on Video and Image Processing. Singapore Singapore. ACM，2017：234-239.

为克服这一局限性，CLAHE引入了对比度限制的概念，对每个小块内的直方图进行局部均衡化操作时，会对直方图的"高峰"区域施加一个上限阈值，即限制对比度增益的程度。当某个灰度级下的像素数量超出预设阈值时，将该峰值裁剪至指定范围，并将这部分溢出的像素均匀重新分布到其他灰度级别区间，以确保增强过程更为平滑和自然。

CLAHE适用场景：适用于自适应直方图均衡化会导致噪声放大的情况。

（四）Retinex算法

Retinex原理：视网膜大脑皮层理论，即Retinex理论，源自视觉心理学，模拟人眼对色彩和亮度的适应性感知机制，提出图像的颜色和亮度信息并非直接对应于场景中物体的物理属性（如光照强度和反射率），而是这两者相互作用的结果。[1] 这一理论认为，我们感知到的物体色彩实质上是其固有反射特性和周围光照环境共同作用的表现。

单尺度Retinex（Single-Scale Retinex，SSR）算法基于Retinex理论，通过单一尺度分析图像，旨在分离出图像中的光照分量和反射分量。它试图在处理过程中消除或减轻由于光源不均匀造成的阴影、高光等影响，从而增强图像的整体对比度和色彩一致性。

多尺度Retinex（Multi-Scale Retinex，MSR）则是在SSR的基础上进一步发展起来的，它采用多尺度分析框架来更加精细地解析图像信息。MSR算法会将图像分解为不同空间尺度下的反射与光照组件，这样不仅能去除大面积的光照变化影响，还能捕捉并修正微小区域内的局部光照差异，因此在复杂光照条件下改善图像质量的效果更优。简而言之，无论是SSR还是MSR算法，它们的核心目标都是为了更好地揭示和还原物体本身的固有色彩和纹理特征，不受光照条件变化的影响。

Retinex算法适用场景：

图像增强与复原：在低光照、背光或复杂光照条件下拍摄的照片，由于光线分布不均匀，图像整体或局部过暗或过亮。通过应用SSR或MSR算法，可以均衡图像亮度，提

---

[1] KIMMEL R，ELAD M，SHAKED D，et al. A variational framework for retinex [J]. International Journal of Computer Vision，2003，52（1）: 7-23.

升图像质量，使细节更加清晰可见。

古籍文献数字化处理：恢复因年代久远而褪色、光照不均的老照片、古籍插图等进时，Retinex算法可以帮助去除光照对色彩和纹理的影响，还原图像原始面貌。

艺术品修复与保护：在对受损艺术品进行数字修复的过程中，Retinex算法可帮助分析并复原艺术品原始的色彩信息，为研究者提供更准确的研究依据。

（五）Gamma校正

Gamma校正❶原理：通过应用幂律变换来调整图像的亮度。这种方法根据非线性的幂律关系调整像素值，以补偿人眼视觉或显示设备的非线性响应。

Gamma校正适用场景：用于调整图像亮度，使其在显示器或其他设备上的显示效果更自然；适用于改善低光照或过曝图像的亮度水平。

三、数据增强

数据增强在机器学习和深度学习中扮演着至关重要的角色，尤其是在图像识别、计算机视觉等依赖于大量高质量图像数据的任务上。以下是一些常见的图像数据增强技术。

调整图像尺寸（rescaling/resizing）：改变图像的尺寸，有助于模型学习不同大小的特征。

随机裁剪（random cropping）：从图像中随机裁剪出一部分区域，这有助于模型专注于图像的不同部分。

水平翻转（horizontal flipping）：将图像进行水平翻转，这有助于模型学习到图像的镜像变换不变性。

平移（translation）：将图像在水平或垂直方向上进行平移，这有助于模型对位置变化保持不变性。

旋转（rotation）：对图像进行一定角度的旋转，以模拟不同的视角。

---

❶ POYNTON C. Digital video and HDTV algorithms and interfaces［J］. Computer Science，Engineering，2012：260，630.

缩放（zooming）：对图像进行放大或缩小，以模拟物体距离变化。

颜色变换（color jittering）：改变图像的亮度、对比度、饱和度等颜色属性，以提高模型对光照变化的鲁棒性。

噪声注入（adding noise）：在图像中添加随机噪声，以提高模型对噪声的容忍度。

通过这些方式生成的新数据集能反映原始数据集中未直接提供的各种情况，帮助模型学习更加稳健和泛化的特征表示。特别是在文物研究领域，有限的历史文化资源意味着每一张图片都弥足珍贵，数据增强可以大大提升利用现有资源训练模型的效果，使模型能够更好地应对未曾见过的历史物件及其各种可能的状态和环境变化，从而提高模型的实际应用能力。

第二节
扩散模型分析

在图像合成的研究领域中，众多模型竞相辉映，其中传统的深度生成模型如生成对抗网络、变分自编码器等曾广受好评。然而，在当前的技术前沿，扩散模型[1]（diffusion models）已然成为佼佼者。这类模型基于数据的概率分布，通过掌握数据的概率生成过程，能够创造出拥有极致细腻的细节及清晰界限的图像。由此催生出强大的文生图应用，让没有绘画基础的用户也可以体验自由创作高质量图片的乐趣，也提高了营销广告、游戏、影视等行业的效率。

基于通用生成式模型产出的图像在细节的控制方面尚不够精确，主要有两方面的原因：一方面，技术上的局限性使这些模型尚未能够自主地发现和定义新的图案模式。尽管这些模型能够从训练数据中学习复杂的统计规律并创建新的图像，但它们通常受限于已有的数据分布，难以自发地创造出全新的、细致入微且符合特定文化或历史背景的图案。模型的输出结果可能具有一定的随机性，控制生成图像的

---

[1]　HO J, AJAY J, PIETER A. Denoising diffusion probabilistic models [J]. Advances in Neural Information Processing Systems, 2020, 33: 6840-6851.

具体细节有时较为困难，尤其是在需要精细化、结构化信息时，如宋韵文化中的纹样特征、材质纹理及服装板型等，这一过程仍然依赖于人工的定义和标注。另一方面，数据问题也是一个重要因素。高质量的带精细标注的数据对于训练生成模型至关重要，特别是对于那些要求再现具体文化元素的任务。通用模型在训练过程中所使用的数据大多源自互联网，范围虽然广阔，但缺乏专业性。对于宋韵文化图像，精确的纹样分类、描述以及服装版式等标注信息对于模型的训练以及在生成过程中对图像细节的精确控制至关重要。然而，广义模型的训练数据往往缺乏这类精细的标注。

通过因子模型对宋韵元素进行颗粒化的数据标注和分类数据，使用现有的通用生成模型作为基础架构，针对这个特定领域的数据集进行训练。在训练过程中，模型会学习宋韵文化的内在规律和审美特点。在初步训练后，根据生成结果对模型进行细致的微调，强化那些能够体现宋韵文化精髓的细节生成能力，可能包括调整网络结构、损失函数设计以及超参数优化等，以期提高生成图像在纹样细节、服装板式等方面的准确度和真实性。最终构建出一个能够在生成图像时精准捕捉并复现宋韵文化独特风格的专业领域模型，从而满足对于此类文化遗产保护、传承以及创新应用的需求。

一、扩散模型原理

扩散模型是一类生成模型，它们基于随机扩散过程来生成数据。在图像生成的情景中，这些模型从一开始的无意义噪声图像和训练中学到的知识逐步生成高质量的图像。扩散模型的工作原理可以分为两个主要阶段：扩散（或正向过程）和反扩散（或逆向过程）。图 3-2-1 中，x 为训练图片，E 为编码器，用来将图像转换为低维潜在表示 Z。扩散过程就是将图片逐步加噪声的过程，通过 T 个步骤把图片转换为纯噪声 Z_T，在这个过程中让模型学习图像的特征；反扩散就是通过语义、文本等条件，使用训练好的模型来生成图片，其中 T_θ 用来把条件转换为模型可以识别的向量，通过一个去噪的 U-Net 把一张纯噪声图片还原为符合条件要求的潜在表示 Z，最后通过解码器 D 生成最终的图片 $\tilde{x}$。

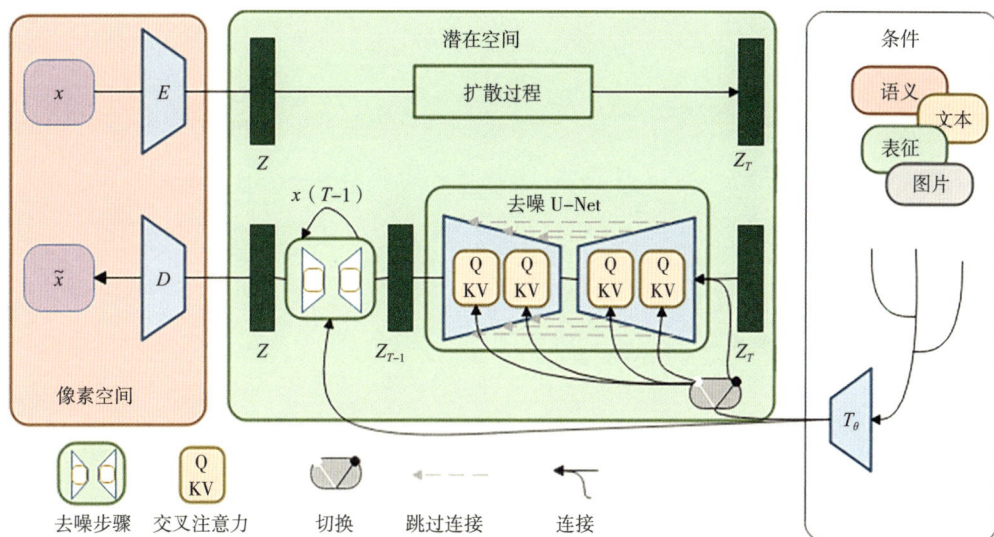

图中标签：

潜在空间　扩散过程

条件　语义　文本　表征　图片

x　E　Z　Z_T

$x(T-1)$　去噪 U-Net

$\tilde{x}$　D　Z　Z_{T-1}　Z_T

像素空间

T_θ

去噪步骤　交叉注意力　切换　跳过连接　连接

图3-2-1　扩散模型设计理念[1]

（一）扩散（正向过程）

扩散阶段模拟了将数据逐渐转换成高斯噪声的过程。这个过程是马尔可夫链的一个序列，每一步都会添加一些噪声，直到数据变成了实质上是纯噪声的状态。为达到这个状态，模型执行多个步骤（通常是几百到几千个），在每一步中应用一个已知的高斯过渡核，这个过渡核定义了如何向数据添加噪声。这个过程是可逆的，因为它是在已知的噪声分布下进行的，可以准确地知道在每一步中添加了多少噪声。

当把一张原始图像通过逐步增加噪声变成纯高斯噪声图像时，扩散阶段的计算过程如下式所示：

$$q(x_{1:T} \mid x_0) = \prod_{t=1}^{T} q(x_t \mid x_{t-1}), \quad q(x_t \mid x_{t-1}) = N(x_t; \sqrt{1-\beta_t}\, x_{t-1}, \beta_t I)$$

式中：x_0 为原始图像，T 为总步骤，x_t 为中间的第 t 步的图像，$q(x_{1:T} \mid x_0)$ 表示通过 T 个步骤从原始图像转化为纯噪声图像的马尔可夫链的联合分布概率，$q(x_t \mid x_{t-1})$ 为第 t 步

[1] ROMBACH R, BLATTMANN A, LORENZ D, et al. High-resolution image synthesis with latent diffusion models [C] //2022 IEEE/CVF Conference on Computer Vision and Pattern Recognition（CVPR）. New Orleans, LA, USA: IEEE, 2022: 10674-10685.

的概率分布（高斯过渡核），β_t 为第 t 步的噪声方差，I 为单位矩阵。

（二）反扩散（逆向过程）

反扩散阶段是扩散过程的逆过程，模型从噪声状态开始，逐步删除噪声，最终生成清晰的数据（如图像）。在这个过程中，模型被训练来预测每一步的噪声，并从当前的状态中去除它，从而逐步恢复数据原始信号。由于从完全噪声状态开始是非常困难的，模型通常需要通过训练学习如何在每一步中准确地估计和去除噪声（图 3-2-2）。

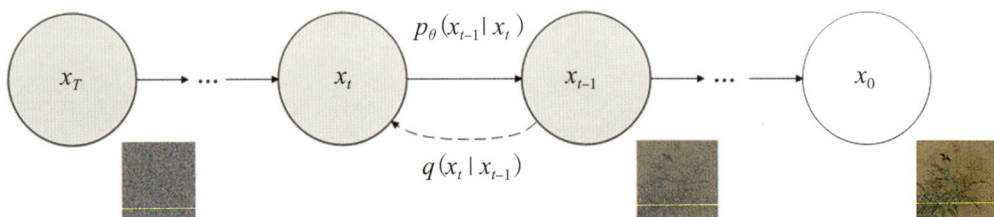

图3-2-2 扩散模型去噪过程

x_T 为纯高斯噪声图像，x_t 为去噪过程中间状态的图像，x_0 为去噪完成后最终生成的图像，$p_\theta(x_{t-1}|x_t)$ 为反扩散第 t 步的去噪概率分布。

扩散模型的有效性体现在以下五个关键方面：

学习数据分布：通过逐步添加噪声到真实数据中并学习如何逆向地去除这些噪声，扩散模型能够捕捉到复杂的数据概率分布。这种迭代的去噪过程允许模型在潜在空间中探索丰富的数据变体，并最终逼近实际数据的生成过程。

稳定性：与生成对抗网络（GANs）相比，扩散模型在训练时表现出更好的稳定性。由于它们不依赖于两个神经网络之间的动态平衡（生成器和判别器），而是直接优化一个明确的损失函数，因此避免了模式塌陷和其他训练不稳定性的风险。

显式噪声模型：扩散模型中的噪声注入和去除是通过精心设计的马尔科夫链过程来实现的，这一过程可以精确控制。每一步都有清晰的目标，即估计并减少给定噪声水平下的噪声，使模型训练更加可控和高效。

生成质量和控制能力：扩散模型已被证实能够产生细节丰富、逼真的图像，其质量可以媲美甚至超越某些 GANs 模型。此外，它们支持条件生成，允许用户通过提供文本描述、类别标签或其他指导信号来精细控制生成结果，这在艺术创作、图像修复及特定领域内容生成上尤其有用。

算法和架构创新：扩散模型的成功还在于其背后的算法和架构设计，包括高效的采样策略、深度学习结构的优化以及对不同层级特征的细致处理，这些确保了模型在各种任务中的表现力和适应性。例如，应用于宋韵文化元素等具有特定风格或主题的内容生成场景时，能够准确捕捉和再现相关的细微特征和美学特点。

二、条件扩散模型原理

条件扩散模型（Conditional Diffusion Models，CDMs）是在标准扩散模型的基础上进行扩展以实现可控或有指导的生成过程。在标准扩散模型中，数据点通过逐步添加噪声直到变为纯噪声分布，然后训练一个神经网络学习这个逐渐破坏的过程的逆向过程，即从噪声中恢复数据。这种结合条件信息的方法允许模型在生成过程中更精确地控制输出结果，从而提高生成样本的相关性和多样性。在诸如文本到图像生成、超分辨率重建和风格迁移等领域，条件扩散模型都展示出了强大的性能和潜力。

在训练过程中，条件扩散模型需要同时优化生成样本的质量和与条件信息的一致性。这通常通过使用条件概率分布和相应的损失函数来实现。例如，在给定类别标签的情况下，条件扩散模型可以学习生成属于该类别的图像；在给定文本描述的情况下，条件扩散模型可以学习生成与该描述相符合的图像。

在条件概率模型的基础上，诞生了两个颇受欢迎的图像生成应用：Stable Diffusion 和 Midjourney。这两个应用在执行常规的绘图任务时展现出卓越的性能，然而，在更精细的专业图像创造领域，它们还存在一定的局限性。如前所述，这些模型无法精确捕捉特定时代背景下的特征，或者未能充分融入用户指定的独特要素，继而无法根据用户的要求精确控制图像元素和风格。

条件扩散模型主要有三大组成部分，文本编码器、图像自动编码器、U-Net。其中，文本编码器将自然语言纹样描述转为模型所能识别的向量，也就是条件扩散模型中的"条件"；图像自动编码器在训练过程中用来对图像进行编码和解码，并用于在模型推理过程中的图像生成；U-Net用来捕捉图像的局部和全局特征。图3-2-3为通过提示词进行图像生成的过程：用户输入提示词后，通过文本编码器转换为模型能够识别的文本向量，图像信息生成器从一张纯噪声图片开始，经过 N 个步骤逐步给图片去噪，生成最终图片的潜在表示。在这个过程中使用文本向量指导图像的去噪生成过程，以确保生成的图像不仅清晰、逼真，而且符合文本描述的内容。最后使用图像解码器把潜在表示解码为最终的图像。

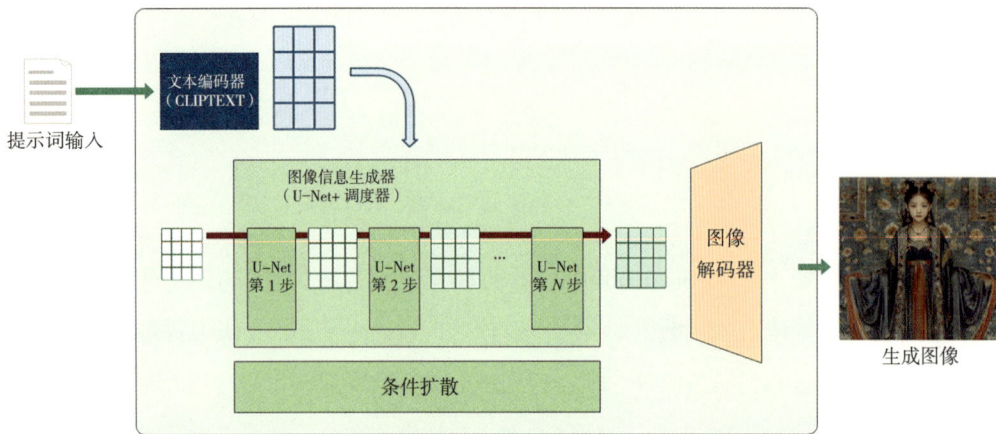

图3-2-3　图像生成过程

三、卷积神经网络

卷积神经网络（Convolutional Neural Networks，CNNs）是条件扩散模型中重要的组成部分，专门用来处理具有类似网格结构的数据的深度学习模型，如图像（2D网格）和时间序列数据（1D网格）。由于其出色的性能，CNNs在计算机视觉领域内尤为流行，并在图像和视频识别、图像分类、物体检测和语音处理等多种任务中取得了重要成就。

训练一个宋韵文化的生成式模型，很重要的一点在于让模型能够学习宋韵文化中丰富多彩的图像信息。CNNs的关键创新在于它们的卷积层（convolutional layers），这些层可以通过学习小型的局部模式（比如图像中的边缘、纹理、色彩、风格）来自动提取特征，并且它学到的模式是较为泛化的，可以用来生成相似的新的模式，这是后面训练生成式模型的关键之一。

（一）CNNs的主要组件

卷积层：卷积层是卷积神经网络的核心，用于自动化地从输入数据中提取特征。在处理图像时，卷积层通过滤波器（也称为卷积核或权重）在图像的宽度和高度上滑动，计算滤波器与图像的局部区域之间的点积。这个过程捕捉了局部依赖性，并保持了空间关系，使网络能够学习图像中的特征，如边缘、纹理和形状。

激活函数（activation function）：卷积后的输出通常会通过一个非线性激活函数，如线性修正单位（Rectified Linear Unit，ReLU），用来增加网络的非线性，这有助于增加模型的表达能力。

池化层（pooling layer）：池化层（通常是最大池化）用于降低卷积层输出的空间维度，同时保留最重要的信息。它有助于减少计算负担，并减小过拟合的风险。

全连接层（fully connected layer）：在多个卷积和池化层后，网络通常包含一个或多个全连接层，以进行分类或其他任务。这些层将前面层级学习到的高级特征映射到最终的输出。

丢弃层（dropout layer）：为进一步减少过拟合，可以在全连接层中使用丢弃层，它在训练过程中随机丢弃一定比例的节点。

（二）ResNet

残差网络（ResNet）是一种特殊的卷积神经网络架构，由微软研究院的何恺明等人在2015年提出。ResNet的主要创新是引入了"残差学习"的概念，解决了深层网络训练难度大、容易出现梯度消失或爆炸问题的挑战。[1]

在传统的深层神经网络中，随着网络层数的增加，模型的性能往往会在一定程度上达到饱和甚至退化，这通常归因于梯度的问题。ResNet通过添加直接的前向连接（称为跳跃连接或者恒等映射），使网络层可以学习相对于输入的残差函数。这意味着网络层不需要学习一个完整的映射，而是学习输入和输出之间的差异。

在ResNet中，残差块是基本的构建单元，每个残差块本质上是由卷积神经网络（CNN）构成的，而多个这样的残差块叠加在一起构成了一个ResNet。残差块一般包含了四个重要部分：

卷积层：每个残差块通常包含两个或三个卷积层，这些卷积层负责提取特征并且进行特征变换。

---

❶ HE K M, ZHANG X, REN S Q, et al. Deep residual learning for image recognition [J]. Computer Vision and Pattern Recognition，2015.

跳跃连接（skip connection）：在残差块中，输入不仅通过卷积层的序列传递，还通过跳跃连接直接传递到块的末端。这样，块的输出是卷积层输出和跳跃连接输入的总和。

批量归一化（batch normalization）：位于卷积层后面，用于稳定学习过程并加速收敛速度。

激活函数：残差块的最后一层，用来捕捉复杂的图形特征。

在每个残差块的末端，主路径的输出和捷径的输出会相加，再激活函数。这种设计允许梯度在训练过程中直接反向传播到早期层，减轻了梯度消失或爆炸的问题，并且允许网络更容易地学习恒等映射，从而提高了训练深层网络的效率和性能。

残差块重复堆叠使网络能够学习更深层次的特征表示。ResNet的核心思想是利用跳跃连接来解决更深层网络在训练过程中可能出现的梯度消失问题，从而使可以训练出深度更深、性能更好的神经网络。

ResNet的一个标准结构，比如ResNet-50，通常包含多个具有不同数量卷积层的残差块。这些块分为几个阶段，每个阶段的特征图大小通常会减半，而通道数则增加。这个结构可以有效地学习从低级到高级的特征，适用于各种复杂的视觉识别任务。

ResNet凭借其独特的特性，在宋韵风格的图像生成模型训练中占据显著优势。该架构可训练更加深入的网络层次，令ResNet得以洞察并学习宋代图像所蕴含的复杂特征，无论是表层纹理还是深层结构。残差连接的加持确保了梯度流的稳定性，在细节密集的宋代图像面前依旧表现出色。在重现宋代服饰的纹理、面料和精细装饰时，ResNet能够细致捕获这些元素，并在生成的图像中忠实呈现。

作为编码器—解码器架构的核心，ResNet在提取输入图像特征及编码在潜在表示方面发挥着关键作用，而解码器则依靠这些丰富特征来重建或创造新的宋代图像。在需要依据特定风格或配饰条件生成图像的场合，ResNet便能扮演条件编码器的角色，提炼与这些条件相关的特征，并指导生成过程。

古画、文物图像往往蕴含从宏观到微观的多层次细节，如服饰的大体轮廓以及纹理的精细花纹。ResNet的深层架构能够在多个层面捕捉并融合这些特征，最终实现在生成图像中，呈现出更加优美和精准的视觉效果。

第三节
条件扩散模型的构建和训练

一、文本编码器构建

在条件扩散模型中，文本编码器扮演着至关重要的角色。该组件的核心功能是将人类可读的自然语言描述转化为机器可以理解并操作的数值向量表示。这一过程通常涉及对文本进行深度学习处理，提取出语义特征，并将其嵌入高维空间。这些嵌入不仅包含词汇级别的信息，还能够捕捉文本更深层次的上下文含义和抽象概念。

当应用于条件图像生成任务时，如DALL-E 2、GLIDE或Imagen等基于扩散模型的系统，文本编码器的输出会被用作引导扩散模型的关键输入，指导模型逐步生成与给定文本描述相一致的图像内容。这意味着即使面对复杂的视觉场景描述，文本编码器也必须能够准确地映射文本中的细节至潜在的视觉空间。

当前研究趋势显示，文本编码器的发展呈现出精细化和专业化的方向。得益于自然语言处理（Natural Language Processing，NLP）领域持续的技术革新，特别是预训练模型技术的进步，诸如OpenCLIP（优化过的CLIP模型）、BERT、RoBERTa以及GPT系列等模型已经在大规模无监督训练后取得了显著成效。它们不仅能学习丰富的跨任务通用语言结构，还能在各种特定应用场景下通过微调实现优异的表现，尤其是在文本到图像合成任务上，这类强大的文本编码能力对于提升生成图像的质量和多样性至关重要。对比当前开源的文本编码器，OpenCLIP是一个很好的选择。OpenCLIP是一种基于CLIP模型的开源实现。CLIP，全称为Contrastive Language Image Pretraining，是一种多模态模型，利用大量的图像和对应的文本描述进行训练，以实现图像和文本的匹配。OpenCLIP将CLIP模型推向了更广泛的应用，使研究者和开发者能够更容易地使用CLIP模型进行相关的研究和开发。

OpenCLIP在训练过程中使用了大量的图像和文本对，例如LAION-5B的美学子集，这是一个包含四亿张图片和对应文本描述的数据集。在训练过程中，OpenCLIP学习了一种将图像和文本映射到同一嵌入空间的方法，使相似的图像和文本在嵌入空间中靠近，从而实现图像和文本的匹配，进而经过训练可以同时理解关联图像和文本。

但是，OPENCLIP 是通过在大型互联网文本和图像语料库上训练模型来实现的，这就导致这种广义的训练可能不会使其成为理解某些特定或专门类型的图像或文本的专家。尤其是在古代文化领域，文本编码器的应用与研究尚处于起步阶段。宋韵服装具有其独特的术语和概念，这要求文本编码器能够准确理解和处理这些专业信息。虽然预训练的 CLIP 模型功能强大，但要真正利用其针对特定任务或领域的功能，微调是至关重要的一步。将通用领域的文本编码器微调以适应宋韵文化的特定需求成为一个具有挑战性的研究课题。

针对这一问题，笔者探索了多种微调方法。在预处理阶段，原始文本须经过一系列标准化步骤以适配深度学习模型的输入要求，包括但不限于：去除无关字符和噪声数据、进行分词处理将连续文本切分为独立词汇单元、标注词性或实体关系等。通过这些操作，可以有效提升后续微调过程中模型对古代文化语境特有表达的理解能力。在微调过程中，可以先冻结模型的大部分层，仅更新顶部的分类器层或特定层，以防止过拟合并保持模型的通用性。同时，在训练过程中调整学习率、批量大小等超参数以优化训练效果。

为让文本编码器能够理解宋韵文化特有的术语和概念，在适配损失函数阶段使用对比损失（contrastive loss）来进行优化，它在跨模态学习（如图像—文本匹配）中通过优化过程使模型学会将来自同一语义空间中的图像和对应文本描述的嵌入表示尽量靠近，同时确保不相关或不匹配的图像—文本对的嵌入表示之间保持较大的距离。信息最大化非条件估计损失（InfoNCE）是对比损失的一个典型实例，它源自信息最大化自编码器（InfoMax）的思想，并在许多深度学习任务中得到广泛应用，通常形式化为如下表达：

$$L_{\text{contrastive}} = -\log \frac{\exp(\text{sim}(i_t, t_p) / \tau)}{\sum_{j=1}^{N} \exp(\text{sim}(i_t, t_j) / \tau)}$$

式中，i_t 是目标图像的编码表示，t_p 是与 i_t 匹配的文本描述的编码表示，t_j 是一个批量中任何文本描述（包括正例和负例）的编码表示，sim 函数表示向量间的相似度（笔者使用余弦相似度），τ 是温度参数，调节软化概率的分布，N 是批量大小。

在评估经过微调的文本编码器性能时，一个不可或缺的步骤是准备并使用独立的验证数据集进行测试。这个验证数据集应具有与训练集相似的分布特征，同时包含丰富的宋韵文化相关描述和对应的高质量图像样本。通过在验证集上运行模型，并观察其在各类指标（如准确性、召回率或F1分数）上的表现，可以准确地判断模型是否成功捕捉到了古代文化元素之间的语义关联以及能否有效地指导条件扩散模型生成符合描述内容的图像。

为优化微调效果，通过灵活调整微调策略来让模型更加匹配目标。例如，针对不同层的不同特性选择性地冻结部分网络层，仅对特定层级参数进行更新，以保持预训练模型已学习到的基本语言结构知识，同时使模型适应新的宋韵文化领域任务。另外，还需要根据模型在验证集上的表现动态调整学习率，确保模型既能从训练数据中充分学习，又避免了过拟合问题。

此外，尝试采用不同的优化算法（如Adam、RMSprop等），或者结合正则化技术（如L1、L2正则化、丢弃正则化Dropout、批规范化Batch Normalization等），来进一步提升模型的泛化能力和鲁棒性，从而使微调后的文本编码器能够更精准地理解和转化与古代文化相关的文本信息，最终实现更高质量的跨模态图像生成。

二、图像自动编码器构建

选择变分自编码器（VAE）作为图像编码器是比较常用的方法，VAE自身可以作为生成式模型，其作为扩散模型的自动编码器组件也有很好的效果。在扩散模型中，VAE可以被用来学习数据的抽象表示，这些表示可以更有效地处理噪声并在扩散过程中进行潜在变量的抽样和重构。扩散模型通常利用随机过程逐步将数据转化为噪声，并使用生成网络逆向这个过程来生成数据。VAE可以在这个生成网络中担任重要角色，特别是在那些需要在连续的潜在空间进行操作的任务中。在扩散模型的上下文中，VAE的编码器可以用来将数据编码到潜在空间中的低维表示，而解码器可以用来从潜在空间重构数据，即使在数据被添加噪声之后。这种结合了扩散过程和VAE的模型可以实现强大的生成能力，并可用于各种复杂的数据生成任务。

变分自编码器模型包含两个部分，编码器（encoder）和解码器（decoder）。使用编码器将传入的宋韵图像转换为低维潜在表示，这个表示将作为U-Net模型的输入，解码器将潜在表示转换回图像。在潜在扩散训练过程中，编码器用于获取宋韵图像的潜在表征（latents），供前向扩散过程使用，该过程在每一步都会应用越来越多的噪声。在推断时，由反向扩散过程生成的去噪潜在表示通过 VAE 解码器转换回图像。在模型推理（图像生成）阶段，系统只需要 VAE 解码器。

（一）编码器构建

首先，将所有输入图像调整为 512×512 像素作为 VAE 的输入，并将其以 RGB 三通道形式作为输入，故 VAE 的 Input 层为 $512 \times 512 \times 3$。为更好地捕捉宋韵文化艺术细节，使用四个二维卷积层（Conv2D），卷积核数量分别是（64、128、256、512）以提高模型对图像中不同层次抽象特征的学习能力。卷积核的大小为 4×4，可以有效提取局部空间特征。使用 ReLU 作为激活函数，以便能够处理高分辨率图像的复杂特征，并且有助于保持训练过程中的梯度流。

在卷积操作中采用边缘填充（padding）策略，确保输出的空间尺寸与输入相同，从而维持图像信息不丢失。上一层的输出将作为下一个层的输入。通过堆叠多个卷积层，可以捕捉输入图像中更复杂的特征。为将卷积层的多维输出转换成适合连接到全连接层的形式，添加一个 flatten 层，将二维的卷积特征图展平为一维向量。应用一个全连接层（Dense），使用 64 个神经元，使用 ReLU 激活函数。全连接层可以对前面卷积层提取的特征进行进一步的处理。然后创建一个全连接层，用来计算潜在空间的维度的正态分布均值。接着还需要一个全连接层，用来计算潜在空间正态分布的方差的对数。这用于参数化数据点的潜在分布，并在训练过程中用于计算 KL 散度的一部分。

这样就构建了 VAE 编码器的部分网络，它将输入图像编码为一个潜在表示的参数，即潜在变量的均值和对数方差。接下来，VAE 使用这些参数通过重参数化技巧抽样生成潜在空间中的点，然后将这些点传递给解码器来重构原始输入。

（二）解码器构建

首先构建一个 $32 \times 32 \times 512$ 的全连接层，链接潜在向量，接着添加四个卷积转置层，逐步增大图像尺寸，最后一个卷积转置层使用 Sigmoid 激活函数，用来生成最终的图像。解码器能够生成图片的原因在于它被设计成一个从潜在空间到数据空间的映射函数。在变分自编码器的上下文中，解码器学习如何将潜在空间中的点（通常是低维的、连续的并且遵循某种分布的）转换回高维的数据空间，也就是图像。

因此，当从潜在空间中选择一个点时，无论是通过编码现有图像得到的点还是通过某种概率分布随机抽样得到的点，解码器都能够根据该点生成一张新的图像。这是因为解码器已经学会了将潜在空间中的任何有效点映射回原始数据空间，并且重建成与训练数据相似的图像。这种从潜在向量到图像的映射使 VAE 和其解码器成为一种强大的生成式模型。

三、U-Net 构建

U-Net 架构包括两个主要部分：收缩路径（contracting path）和扩展路径（expansive path）。收缩路径类似于 CNN，由多个卷积层和池化层组成，目的是提取和缩小特征图，捕获图像中的上下文信息。扩展路径则使用上采样和卷积层来重建图像的细节和结构，逐步将特征图尺寸增大至原始图像大小。两条路径通过跳跃连接（skip connections）连接，这意味着来自收缩路径的特征图被直接拼接到扩展路径的特征图上，保留了高分辨率的特征。U-Net 在最终图像生成的环节中起到了至关重要的作用。

（一）损失函数

为满足对图像质量的特定要求，对 U-Net 进行细致的调整变得至关重要。这一过程中，需要精心设计和设置损失函数，将内容损失、风格损失以及对抗损失三者巧妙结合。这样，可以确保生成的图像不仅在视觉上达到古代艺术品的标准，同时在艺术风格上也与之保持高度的一致性。

内容损失（content loss）通常基于预训练的深度神经网络，F 为生成图像的特征映射，P 为目标图像的特征映射，则内容损失（$L_{content}$）的定义可表示为：

$$L_{content}(F, P) = \frac{1}{2} \sum_{i,j} (F_{ij} - P_{ij})^2$$

风格损失（style loss）通过比较生成图像与参考风格图像的风格特征，使用多个层的格拉姆矩阵来计算。设 A 和 G 分别为参考风格图像和生成图像在 VGG 网络某层的格拉姆矩阵，则风格损失（L_{style}^l）的定义为：

$$L_{\text{style}}^{l}(\boldsymbol{A},\boldsymbol{G}) = \frac{1}{4N_l^2 M_l^2} \sum_{i,j} (\boldsymbol{G}_{ij}^l - \boldsymbol{A}_{ij}^l)^2$$

式中，N_l 是该层的特征映射数量，M_l 是特征映射的尺寸，即宽度乘以高度，l 为网络的第 l 层。总的风格损失为所有层的风格损失之和。

对抗损失（adversarial loss）主要为了提高生成图像的质量，在对抗损失中，U-Net 其实就扮演了生成器的角色（G），为实现对应的判别器（D），它尝试区分生成图像 $\tilde{x}$ 与真实图像 x。对于生成器（G），对抗损失（L_{adv}）的目标是欺骗判别器，使其将生成图像分类为真实图像：

$$L_{\text{adv}}(\tilde{x}, x) = -\log\big[D(\tilde{x})\big]$$

综合上述损失函数，总损失（L_{total}）可以表示为：

$$L_{\text{total}} = \alpha L_{\text{content}} + \beta L_{\text{style}} + \gamma L_{\text{adv}}$$

式中，α、β、γ 是调整各损失函数贡献的权重系数。在训练过程中，根据生成图像的质量与模型的性能调整这些权重，以达到最优的生成效果。

（二）噪声函数

在训练扩散模型时，噪声函数对于模型的性能至关重要。U-Net 的角色是一个去噪网络（denoiser），噪声函数定义了如何从数据中增加噪声，以及如何在生成过程中逐步移除这些噪声。U-Net 负责在每一步骤中预测噪声，逐步去除噪声来生成图像的潜在空间表示，从而为后面的重建目标图像做好准备。

1. 噪声添加过程

为保持更多宋代艺术风格，使用余弦退火调度，以使噪声级别在初始阶段快速增加，在后期阶段缓慢降低。在这个过程中，将文本编码嵌入，也就是把服饰图片上的纹样描述、风格、板式等数据嵌入噪声函数，使模型在生成过程中考虑这些条件。通过一个预定义的方差序列（β_1，β_2，$\cdots$，β_T），其中 T 是扩散过程的总步数，定义每步添加噪声的强度，噪声为各向同性的高斯分布。添加噪声后的数据（x_t）计算公式如下：

$$x_t = \sqrt{(1-\beta_t)} \times x_{t-1} + \sqrt{\beta_t} \times \varepsilon_t$$

式中，x_{t-1}是前一步的数据，ε_t是当前这一步从标准正态分布$N（0，I）$中抽样的噪声，I为单位矩阵，β_t是本步的噪声方差。

2. 噪声去除过程

在扩散模型的反向过程中，U-Net结构用于预测在每个扩散步骤中去除噪声的方向。这个过程可以用一个预测模型来定义，该模型会尝试预测给定x_t时的ε_t。U-Net结构的输出随后用于反向扩散步骤，目的是估计更少噪声的数据x_{t-1}。

使用如前所述的多个卷积层、残差块和最终的卷积层组成去噪预测模型，残差块有助于模型学习深层特征而不丧失梯度信息，并且引入一个时间嵌入层，它可以将离散的时间步t转化为一个连续的向量表示，这样就可以将时间信息作为条件输入模型。噪声水平根据预定的噪声调度方案逐步增加或减少，这种时间条件化对于扩散模型能够在不同时间步上正确预测噪声起到关键作用，确保扩散过程能够平滑地从数据分布转移到噪声分布，并在生成过程中平滑地从噪声分布恢复到数据分布。

四、模型训练和结果

在训练扩散模型以实现宋韵艺术图像数据分布的反向重构过程中，采用了递进式学习策略，以实现对宋韵艺术独特数据分布的高效反向重构。

（一）训练结构和流程

首先，在正向扩散步骤中，系统遵循一种有序的过程，逐步将不同强度的高斯噪声叠加至宋韵艺术图像上，直至原始艺术图像的形态和细节完全转化为符合高斯噪声统计规律的新数据集。随后，在反向去噪阶段，设计了一套机制，使该模型能够有指导性地进行逐层去噪处理，并逐步恢复高质量的艺术图像，逼近其原始状态。这一迭代过程的核心目标是最大限度地减小重建图像与原始图像之间的差异度，确保还原效果的高度保真性。同时，为保证模型在执行条件性生成任务时具备更强的针对性和精确性，引入监督学习机制。具体而言，系统在训练过程中考虑并融合了包括纹样标签、艺术风格以及板式布局等在内的多元属性信息作为约束条件。这种监督学习方法旨在增强生成图像与预期属性间的相关性和真实性，从而提升所生成宋韵艺术作品的综合质量及准确性。

通过以上步骤，就完成了一个融入宋韵文化特色的生成式神经网络系统的构建和训练。通过在输入提示中加入诸如纹饰、板式等体现宋韵风格的元素，该模型能够有效地生成富含宋韵艺术气息的图像内容。不仅有助于加深广大受众对宋韵文化的内在理解，更有助于以可视化的方式将宋韵文化的韵味与魅力广泛而生动地传播开来。

（二）结果的优缺点

1. 优点

（1）语义理解进步

显然模型已经可以较好地理解关于中国文化中的"剪纸"（图3-3-1）、"中心对称"（图3-3-2）、"太极"（图3-3-3）等词的意思。

图3-3-1　剪纸风格纹样　　　图3-3-2　中心对称纹样　　　图3-3-3　太极构图纹样

（2）材质生成丰富

模型可以很好地表达"丝绸，丝滑质感"（图3-3-4）、"雕刻，玉石质感"（图3-3-5）、"蕾丝，精致细节"（图3-3-6）等材质词汇的含义。

图3-3-4　丝绸印花莲花纹图　　　图3-3-5　玉石雕刻莲花纹图　　　图3-3-6　精致蕾丝莲花纹

（3）纹样构图完整

模型可以较好地按照指令完成圆形构图（图3-3-7）与方形构图（图3-3-8）。

图3-3-7　圆形构图莲花纹

图3-3-8　方形构图纹样

2. 缺点

在反复实验中，发现模型可以较为完整地输出写实风格或者写意风格的图案，但是工笔类、几何类等精细图案的生成相对粗糙，如图3-3-9边框中的回字纹和图3-3-10的八达晕构图纹样。

图3-3-9　几何纹样

图3-3-10　八达晕构图纹样

第四章

数字生命的微妙奇迹：
未来技术的畅想与传播方式

纵观艺术的发展史，与科技的交集与相互渗透成为一个引人注目的议题。这两个本看似独立的领域一旦交融，便能激发出全新的创意和文化形式。此种交汇不单为艺术创新开辟了新径，也为科技应用于艺术领域铺平了道路。尽管如此，AIGC 技术仍在初级探索阶段，并未完全达到预期的自主创作能力，因此未来在技术进步和应用扩展上仍须保持快速发展的势头。

数字化技术的不断革新确实为设计行业带来了革命性的变化。传统的设计流程受限于手工技艺和物理媒介，而计算机辅助设计和 3D 建模技术的出现极大地提升了设计的速度、精度和表现力，使设计师能够快速迭代设计方案，并通过模拟真实环境来预览和优化产品效果。此外，云端协作平台的发展使全球各地的设计团队可以实时共享设计数据、进行远程协同工作，显著提高了工作效率与创新合作的可能性。进入大模型时代，AIGC 则进一步拓宽了设计领域的边界，不仅能够自动化生成图像、文本、音频等多元化的创意素材，而且在深度学习和大规模训练的支持下，其产出的内容越来越具有独创性和高质量。

对于设计行业，AIGC 技术的应用不仅体现在生产资料层面，如智能搜索和推荐合适的设计元素，以及自动生成专属的设计模型，也在生产工具层面发生了变革，比如从传统的人工操作转向 AI 驱动的自动化设计工具，甚至是利用生成式模型自主创造前所未有的设计概念。更重要的是，在生产关系层面，人机交互转变为更高层次的人智协作，设计师不再是单打独斗地创作，而是与智能系统共同探索新的设计空间。这种新范式下的设计过程更加注重人类设计师的专业判断、审美经验和创新思维与 AI 的高效运算、大数据分析能力之间的深度融合，从而开启了设计领域一个全新的智能化时代。随着理论体系的逐步完善和实际应用案例的丰富，AIGC 设计新范式有望引领未来设计行业的全新发展方向。

第一节
AIGC 技术展望

当前，人工智能正处于一个迅猛发展的阶段，催生了众多充满潜力的前沿技术。然而，由于这些技术的成熟度有限，加之对计算能力的巨大渴求，它们尚未得到研究者的广泛深入探索与实际应用。本节将向读者展示几项展现出巨大潜力的技术，这些技术预计在未来将为AIGC开辟更加广阔的成长空间，值得关注与期待。

在研究过程中，宋韵文化这一独特领域由于其数据资源的稀缺性和分散性，构成了构建AIGC大模型时的重大挑战。宋韵文化的底蕴深厚且表现形式多样，包括但不限于诗词、书画、建筑及各类工艺美术品等，其数字化样本的收集、整合与规范化工作颇具难度，这直接制约了大型深度学习模型的有效训练，在模型训练时可能发生过拟合、模型泛化能力不足等问题。

为克服这些困难，研究者考虑采用Vision Transformer（ViT）技术。ViT技术是一种基于Transformer架构的新型视觉模型，它打破了卷积神经网络在图像处理领域的主导地位，通过将图像分割成多个补丁块并转换为序列向量输入Transformer中进行自注意力机制的学习，从而更有效地利用全局上下文信息和理解图像结构。对于小样本问题，ViT技术有望凭借其对有限数据集的有效学习能力提高模型的表现。

同时，3D高斯泼溅（gaussian splatting）技术则用于三维空间中的渲染和建模，它可以精确地表示和复原宋韵文化中的三维物体或场景特征，如古建筑的立体结构、工艺品的形态细节等。结合ViT技术来增强对二维图像的理解和三维模型的构建，可以共同推动宋韵文化在数字领域里的高质量重建与创新表达，最终服务于AIGC模型的构建与优化。通过这样的技术融合，即使是在小样本条件下，也能提升对宋韵文化数据的分析、理解和创造能力。

一、ViT技术

ViT技术最初由谷歌在2020年提出，利用了Transformer在自然语言处理领域的成功，尤其是在捕获序列数据的长距离依赖方面，旨在直接将Transformer架构应用于图像分类任务。

（一）ViT技术的工作原理

图像分块（patching）：输入图像首先被切分成多个固定尺寸的小块。例如，假设使用16×16像素的小块，那么一个224×224像素的图像将被分割成14×14（总共196）个小块。每个小块的像素值会被展平，即将二维的像素矩阵转换为一维的向量。如果小块是彩色图像，则展平后的向量长度为块大小乘以颜色通道数。

线性嵌入（linear embedding）：展平的小块向量接着通过一个线性层（也就是一个全连接层或一个矩阵乘法），将其映射到一个固定大小的高维空间，这个高维空间被称为嵌入空间。每一个小块被转换为一个称作"patch embedding"的向量。此步骤类似于 NLP 中单词嵌入的概念。

位置编码（positional encoding）：由于 Transformer 模型是基于自注意力机制，它不会自然理解输入序列的顺序，因此在处理图像小块之前，需要给每个小块添加位置信息。这一步骤通过加入位置编码来实现，位置编码可以是固定的（例如，使用正弦和余弦函数生成）或是可学习的参数。

Transformer 编码器（transformer encoder）：带有位置信息的嵌入向量随后被送入 Transformer 编码器。编码器通常由多个相同结构的层组成，每一层都包含一个多头自注意力机制和一个前馈神经网络，两者之间使用残差连接和层归一化。在自注意力层中，模型可以捕获图像不同小块之间的关系，学习每个小块相对于其他小块的重要性，实现全局的信息整合。

分类头（classification head）：在进行图像分类任务时，ViT 技术在序列的起始处加入一个特殊的"类别嵌入"（类似于 NLP 中 BERT 模型使用的"CLS"令牌，以表示该序列的分类结果）。这个类别嵌入在训练过程中将学会代表整个图像的全局表示。经过 Transformer 编码器处理后，类别嵌入的输出向量被传递给一个额外的前馈神经网络（也就是分类头），这个分类头通常只包含一两层全连接层，用于将类别嵌入映射到最终的类别概率分布上，完成图像分类任务。

在整个过程中，ViT 技术利用自注意力机制在处理图像时能够关注图像的全局信息，这是它相对于传统卷积神经网络的一个主要优势。其在图像分类和其他视觉任务中展现出的自注意力和全局感知的优点确实引起了研究者们的兴趣。这种全局关注能力，未来将会使基于神经网络的古代文化艺术研究提升一个新的台阶。

（二）ViT 技术在古文化艺术数字生命研究中的优势

全局和细节视角的结合：由于 ViT 技术通过图像分块和自注意力机制能够捕捉局部和全局的视觉特征，它可以在分析古文化艺术品时，同时考虑细节（如纹饰、笔画、裂纹）和整体构图（如画面布局、色调搭配）。这对于理解艺术家的风格和作品的艺术价值具有重要意义。

风格和流派识别：ViT技术可以识别和学习不同艺术流派或时期的视觉模式，并将这些模式与特定的艺术家或历史背景关联起来。这有助于对古文化艺术品进行分类和归档。

保护和修复：古文化艺术品往往年代久远，可能出现损坏。ViT技术可以通过学习艺术品原始状态的视觉特征，帮助确定损坏的部分，并指导修复工作。

潜在信息挖掘：在处理具有复杂纹理和符号的古文化艺术品时，ViT技术的自注意力机制可以帮助研究人员发现易被忽视的模式或符号，这些可能是关于艺术品含义或来源的重要线索。

图像搜索和检索：使用ViT技术对大量古文化艺术图像进行特征提取和嵌入，可以建立高效的图像搜索系统，帮助研究人员快速找到具有相似视觉特征或风格的艺术品。

文化遗产数字化：ViT技术可用于古文化艺术品的数字化，通过将艺术品转换为高质量的数字表示，有助于文化遗产的保存和分享。

跨文化研究：ViT技术可以学习并比较不同文化背景下的艺术品，揭示跨文化影响和交流，为跨文化艺术研究提供视觉分析工具。

教育和展示：利用ViT技术提供的视觉分析功能，可以增强古文化艺术教育和虚拟展览的互动性和教育性。例如，通过高亮显示某个艺术时期的典型特征，或者通过可视化展示艺术品之间的视觉联系。

自适应学习：它允许模型随着时间推移通过接触新数据和经验来调整和改进其性能。在视觉背景下，这种自适应学习能力意味着模型可以根据接收到的新艺术品样本更新自身的理解力和分析技能。它将图像分割成多个小块并将其转化为序列数据，然后利用Transformer来处理这些序列以进行图像分类和分析。对于不断扩展的古文化艺术研究领域，随着更多样化的艺术作品被数字化并添加到训练数据集中，ViT技术可以通过微调或者增量训练来吸收这些新的知识和特征模式，进而提高对未知艺术风格、时代背景、作者特点等复杂属性的识别和解析能力。

通过这些优势，ViT技术为古文化艺术研究提供了一种新的分析方法，可以帮助研究人员更深入地理解艺术品的视觉特征和文化背景，以及促进艺术品的保护、修复和数字化工作。目前，尽管这一方法由于自注意力机制的复杂性随序列长度呈二次方增长而带来了显著的计算负担，这在一定程度上限制了其广泛应用的可能性。然而，随着硬件性能的持续进步和算法优化技术的不断涌现，ViT技术将逐渐演化成为研究者们青睐的一种强大工具，从而在多个领域，特别是在需要深入分析和处理复杂图像数据的研究中，发挥其独到的优势。

二、3D高斯泼溅技术

3D高斯泼溅技术是一种在三维空间中渲染点云或粒子系统的技术，它通过将每个点或粒子表示为具有某种半径和密度分布（通常是高斯分布）的"splat"来工作。这种方法特别适用于生成光滑的渲染图像，因为它可以除去点云数据中的离散性和噪声。

（一）3D高斯泼溅技术的工作原理

点表示：每个三维中的点表示为一个具有位置、颜色和半径的实体。半径定义了高斯分布的范围，而颜色定义了在该点处的颜色信息。

高斯权重：对每个点，根据其到视点（即观察位置或相机位置）的距离以及它的半径，计算一个高斯权重。这个权重将决定点在最终渲染图像中的影响程度。

图像空间映射：点云数据通过投影变换映射到二维图像空间中，每个点的高斯权重被用于抗锯齿和平滑渲染。

混合和累加：在二维图像空间中，每个点的颜色和权重根据其高斯分布与其他点叠加，最终生成连续的渲染图像。

（二）3D高斯泼溅技术的应用展望

当前，直接在生成宋韵艺术风格的三维图像中应用3D高斯泼溅技术并不常见。不过，如果我们将宋韵艺术品中的元素（如笔画、装饰物）以三维形式建模，并希望以某种新颖的方式表现它们，就可以使用此技术。结合古文化艺术研究，3D高斯泼溅技术的潜在优势主要有以下六个方面。

1. 高质量的视觉呈现

高质量的视觉呈现技术在文化遗产保护和古文物数字化领域扮演了至关重要的角色。针对具有复杂表面纹理和精细雕刻的古文物，通过采用先进的3D扫描和点云处理技术，可以获取文物的高精度几何信息。点云数据是将物体表面采样后形成的无数离散点集合，直接反映物体的空间结构。然而，原始的点云数据往往包含噪声和不规则边缘，影响视觉效果和后续的分析工作。这时，通过运用专门的算法如滤波、平滑、去噪等技术，可以有效地处理点云数据的边缘瑕疵和内部噪点，从而提升视觉质量，使最终呈现出的3D模型更加精确、平滑且细腻，真实还原古文物原有的面貌和质感。

2. 三维数据的增强显示

采用高斯分布对点云进行渲染会为数据带来一种自然的模糊效果，有助于在视觉上强调重要的特征并减少视觉干扰，这对于研究和解释古代艺术品的细节部分很有帮助。

3. 虚拟修复和重建

高斯泼溅技术的基本原理是将原始的三维点云数据或者其他几何信息转换成一种更连续和平滑的表面表示。它通过对每个数据点应用一个高斯分布的权重函数，并将这些点的信息"散布"到其周围的空间区域，构建出更为精确且视觉上连贯的三维模型表面。对于古文物，这一技术可用来填补缺失的部分，模拟原本可能的形态，或者减少因时间侵蚀、损坏造成的表面裂痕和缺口，从而实现对古代艺术品的高精度虚拟修复和重建。

4. 文物保护分析

在文物保护分析过程中，3D高斯泼溅技术提供的渲染效果可以帮助专家更好地观察并分析文物的表面状况，进而评估其保存状态和可能的退化过程。

5. 数据融合与分析

对于使用不同扫描技术获取的数据，例如激光扫描和光学测量，3D高斯泼溅技术有助于将这些数据集成在一起，提供一个统一的三维视图。

6. 互动体验设计

对于设计互动体验，如虚拟现实或增强现实展示时，3D高斯泼溅技术提供的平滑渲染效果可以增强用户的沉浸感，使古文化艺术的探索更加直观和引人入胜。或者应用在以宋代为历史背景的游戏制作中，利用先进技术实现迅速的原型开发，不仅可大幅降低开发成本，还能极大地丰富游戏元素的多样性。这种创新方法使玩家能够享受更加饱满多姿、仿若置身于宋代的沉浸式游戏体验。

尽管用于古文化艺术研究的真实案例较少，但上述优势表明，3D高斯泼溅技术在处理和呈现三维艺术品数据方面具有潜在价值，尤其是在艺术品的数字化保护、分析和展示等应用场景中。随着三维扫描技术和计算机图形学的发展，3D高斯泼溅技术可能会与其他先进的图形渲染技术结合，可以预见该技术在古文化艺术研究领域的应用将逐渐增多，为数字生命创造更具沉浸感和现实感的体验。

三、多模态技术

AIGC 多模态技术与新媒体力量正以前所未有的姿态渗透进艺术世界，有力地推动了艺术创作与表现手段的现代化进程。艺术与科技的碰撞与融合不仅为艺术家们提供了更加丰富多元的创作工具与表达媒介，还在不断地重塑艺术的边界，引领着我们进入一个充满想象力和可能性的未来艺术新纪元。这样的融合发展将持续催生出新颖独特的视觉、听觉乃至全方位感知体验，同时鼓励跨学科的合作交流，共同促进文化艺术与科学技术的繁荣进步。

AIGC 技术的多模态发展是当前 AI 领域中最引人注目的进步之一。这项技术的进步不仅标志着从处理单一类型的数据（如文本或图像）到综合理解和生成多种类型数据（如文本、图像、音频、视频等）的跨越，还意味着未来的 AI 系统将能够提供更加丰富、互动和综合的用户体验。

（一）增强的交叉模态能力

交叉模态能力，即使系统具备跨越不同信息模式之间有效转换、理解和生成信息的能力。这种能力的核心在于打破单一模态的局限性，让 AI 可以无缝地在文本、图像、声音、视频等不同类型的媒体数据之间交互和转化。

深度融合模型：预计将开发出更先进的深度学习架构，这些架构能够在更深层次上融合不同模态的数据，实现更加精准的数据解读和内容生成。例如，通过融合视觉和语言模型，AI 可以更好地理解图像中的细节及其语境含义，以及如何将这些信息转化为准确的文本描述。

上下文感知能力：未来的多模态 AIGC 系统将更加注重上下文的理解，能够根据周围环境和历史交互信息调整其内容生成策略，从而提供更加个性化和相关性强的内容。

（二）高级生成模型的进步

真实性与创造性：随着生成模型的进步，比如通过改进的 GANs 和 VAEs 技术，AIGC 系统能生成的图像、视频、音频和文本将越来越难以区分于真实内容。此外，这些系统在保持内容真实感的同时，还将提供前所未有的创造性，如能够根据模糊的或创造性的用户输入创作出全新的艺术作品或故事。

适应性与个性化：通过利用机器学习和用户行为分析，AIGC技术将能够更好地适应用户的个人偏好和需求，生成高度个性化的内容。

（三）交互式与沉浸式体验

虚拟现实（VR）和增强现实（AR）：随着VR和AR技术的融合，多模态AIGC将在提供沉浸式体验方面发挥关键作用。例如，在教育领域，通过生成适应学生学习速度和兴趣的个性化内容，可以大大提高学生的学习效率和参与度。

智能助手与机器人：预计多模态AIGC技术将使智能助手和机器人变得更加高效和互动。这些系统将能够理解和生成复杂的语言指令、情感表达以及与人类自然互动所需的其他多模态信号。

第二节
AIGC应用展望

一、推动教育升级，AIGC赋能教育重构

我国政府对人工智能与教育的深度融合高度重视，通过制定一系列战略规划和政策文件，积极引导并推动教育领域的变革与创新。例如，《关于加快场景创新以人工智能高水平应用促进经济高质量发展的指导意见》明确提出要借助智能技术的力量，持续挖掘人工智能应用场景机会，开展智能社会场景应用示范，以适应新的时代需求。中国教育科学院发布的《中国智慧教育蓝皮书（2022）》更是从多个维度明确了通过科技赋能和数据驱动，将全方位赋能教育变革，人工智能在教育改革中的重要作用涵盖了科技创新、人才培育、成果转化以及示范应用等多个关键任务。

人工智能无疑会促使教师角色发生转型，并为学校赋予全新的功能定位。这一转变过程将是长期且渐进的，在初期阶段，人工智能主要作为教学辅助工具存在。随着技术不断成熟和广泛应用，教育生态将会随之演进，虽然信息技术深刻改变了人们的学习方式和社会组织形态一样，但人工智能无法动摇诸如"有教无类""因材施教"等教育根本理念。AIGC 赋能教育将带来从理念到实践、从结构到内容以及教育治理的全面改革。

（一）核心理念革新

教育不再局限于传统的教学模式，而是上升为国家层面的战略布局，通过科技与数据的深度融合应用，推动教育领域的全方位变革。其目标是创建一个以学习者为中心的新生态体系，真正实现因材施教的理想，让个体在满足个性化需求的同时，也能够紧密对接社会发展的宏观需求，形成微观个体发展与宏观社会发展间的高度协同和统一。个体教育路径的设计和实施应当与国家发展战略、行业发展趋势乃至全球未来趋势相结合，实现微观层面的个性化教育与宏观层面的社会发展目标之间的高效协同和有机统一。这样，教育不再是简单的知识传授，而是成为培养创新思维、提升综合素质、驱动社会持续进步的重要引擎。

（二）体系结构重构

体系结构重构是现代教育改革的一项核心任务，它彻底打破了长久以来束缚教育发展的物理空间与时间框架。在新技术和理念的推动下，教育体系正在摒弃单纯依赖校园教室的传统模式，积极倡导并实践多元化教育资源的整合与共享机制。这种教育打破了传统学校教育的空间和时间限制，提倡多元化教育资源的整合与共享，促进家庭、学校和社会三位一体的协同育人机制建立，构建起覆盖全人群、全时空、高质量且个性化的终身学习体系，确保每个人都能随时随地获取适合自己的教育资源。在这种重构后的教育体系中，无论何时何地，任何人均可根据自身需求和兴趣随时接入优质的教育资源，享受个性化的学习服务。这不仅有助于每个人的个性化发展，也有力支撑全社会的知识更新和素质提升，切实体现教育公平和教育质量并重的发展理念。

（三）教学范式转型

教育通过融合现实空间（物理空间）、虚拟网络空间（数字空间）和社会互动空间（社会空间），创新教学场景及方式，借助人机交互技术培养跨学科、多维度的学习群体，使规模化教育与个体化培养有效结合，实现更加高效的教学过程。社会互动空间则强调社区共建、协同学习和项目导向，通过线上线下相结合的活动，培养学生团队协作、解决问题以及社会适应能力。人机交互技术在此过程中起到了关键的桥梁作用，通过智能设备和软件，学生可以进行仿真模拟、虚拟实验和跨学科探究，从而实现深度学习和综合素养的提升。

这种新型教学范式在保证规模化教育普及的前提下，充分考虑到个体的差异性，通过精细化、个性化的学习路径设计，让每一位学生都能够找到最适合自己的学习方法和节奏，从而使规模化教育与个体化培养实现有机结合，极大地提升教学过程的效率与质量，培养出面向未来、具备全球视野和创新能力的高素质人才。

（四）教育内容升级

教育内容的升级在当今时代显得尤为重要，它致力于从应试教育转向全面素质教育的深层发展。这一转变体现在对知识体系的深度重构和创新表达上，通过数字化技术手段，将传统的线性知识结构转变为可视化、互动性强的知识图谱。这种知识图谱以节点和连接的形式，直观展示知识点之间的逻辑关系和内在联系，使学习者能够更清晰地把握整体知识架构。这种教育聚焦素质教育的发展，基于知识结构的数字化表达，构建可视化、互动性强的知识图谱，以新颖、有趣的方式呈现教育内容，激发学生的学习兴趣，培养他们的高阶思维能力、综合创新能力以及终身学习能力。此外，教育内容升级的一个核心目标是培养学生的终身学习习惯和能力，让他们能够在快速变化的世界中持续学习、自我更新，始终保持对新知识、新技能的敏锐感知和接纳能力。通过这种方式，教育不仅仅是传递书本知识，更是在培养具备全球视野、能够应对未来挑战的高素质公民。

AI与教育领域的深度融合是一项涉及多层面、多维度的长期且复杂的系统工程。要实现这一融合，首先需要深刻认识并掌握人工智能技术的核心特性和优势，包括但不限于机器学习、大数据分析、自然语言处理、智能推荐等，这些技术有能力个性化定制教学内容、精准评估学习效果，以及模拟真实场景进行实训指导等。这一切都要求我们深入理解人工智能技术的独特性及其与其他信息技术的本质差异，从而准确预见人工智能对教育带来的影响，进而有效推动教育的现代化进程，并积极探索在人工智能环境下教育的发展路径和转型策略。

因此丰富AIGC传统文化语料库，对于中华文明的传承发展有着不可忽视的作用。

二、践行人文经济，AIGC助力文旅传承

在"AI+"时代背景下，中国式数字文旅产业的崛起和发展凸显了中国在全球现代化进程中的独特路径与理念。这一产业在党的二十大报告中得到了深度解读和具体阐述，强调其根植于中华民族深厚的文化底蕴和中国特色的发展道路，与西方现代化模式存在本质区别，强调人民物质文明和精神文明相协调的现代化。中国式数字文旅产业力求在新兴科技的引领下，尤其是借助虚拟现实、增强现实、人工智能以及全息投影等尖端数字技术，实现文化、旅游与科技的深度融合，创新文旅产品形态，打造生动、可感、沉浸式的体验模式。

"中国式"在这一产业中的体现，首先，高度重视和积极传承中华优秀传统文化，通过数字技术的赋能，将历史文化遗产以鲜活、互动的方式呈现在世人面前，促进文化的活态传承与创新表达。其次，坚持以人为本的服务理念，借助智能技术满足人民群众个性化、高品质的旅游体验需求，推动文旅产业朝着普惠、便捷、智能的方向发展。

同时，中国式数字文旅产业在发展中也秉持绿色可持续的原则，借助数字装备和技术手段，优化旅游资源配置，降低对环境的影响，实现文旅产业与生态文明建设的和谐统一。在产业融合与创新发展路径上，数字文旅产业充分展现了"AI+"时代的无穷可能，通过与数字技术的深度融合，打造出一系列具有高度智能化、创新性的文旅产品，不仅拓宽了文旅业态的边界，也提升了产业的内在价值和国际竞争力。

"AI+"时代的中国式数字文旅产业，不仅代表着我国在新兴科技引领下的现代化发展道路上的坚定步伐，更通过深挖本土文化资源、创新服务模式、追求绿色发展，走出了一条兼具中国特色与时代气息的文旅产业发展新路径，为中国乃至全球文旅产业的未来发展提供了宝贵的参考和启示。文旅产业正在经历一场由数字化技术引领的深刻转型，而这背后的推动力正是消费者对高品质文旅体验的不断追求与消费升级的趋势。如今，旅行者对文旅服务的需求日趋个性化与多元化，他们热衷于通过多元互动的方式深入探索旅游目的地的历史文化积淀和地方特色风情，都反映出游客体验需求的宽泛化和层次的跃升。

宋韵文化，作为中国宋代文明的独特象征与历史文化遗产的核心内容，历经千年积淀，承载着丰富的艺术、哲学、社会和科技智慧。在当今全球化背景下，杭州以其独特的地理人文优势，正致力于将宋韵文化的传承与发扬融入国际化的城市品牌构建。文化

旅游作为一种强有力的跨文化交流渠道和文化产业创新形式，对杭州塑造世界级的文化名片具有关键作用。

数字技术的崛起与普及为文旅产业的发展提供了前所未有的机遇，尤其是在文化遗产保护与传播领域。通过数字化手段，可以实现地方文脉的立体化记录、系统性认同与广泛性传承，使静态的历史文化资源以生动活泼、互动性强的方式呈现给全球受众，有效传达其深厚的人文内涵和精神价值。具体到杭州，在文化遗产数字化过程中，应充分利用现代信息技术，如3D扫描、大数据分析、人工智能以及虚拟现实、增强现实等前沿技术手段，对宋韵文化进行多维度挖掘和全方位展示。

运用AIGC技术优化文旅产品供给，无疑是顺应消费升级趋势、精准匹配游客个性化需求的重要途径，同时也是推动文旅业供给侧结构性改革、实现产业高质量发展的强大工具。随着AIGC技术在文旅领域的深入应用，未来的旅游体验将会更加丰富多彩，也必将为文旅产业的长远发展注入新的活力和创新动力。

（一）数字文旅融合发展理论框架

当前数字文旅产业的实际发展存在融合深度不足的问题，多数项目仅实现了物理空间与数字空间的浅层次结合，并未真正触及文化和旅游深度融合的本质要求。为突破这一瓶颈，理论体系的构建显得尤为迫切。应当积极探索并建立一个科学严谨、指导性强的数字文旅融合发展理论框架，该框架需涵盖以下四个核心要素。

1. 理论探索与模式创新

深入研究数字文旅产业发展的内在规律，借鉴国内外成功案例，提炼适用于宋韵文化资源特点的数字转化策略，推动跨界融合创新模式的形成与发展。

2. 深度开发数字产品与服务

研发基于AIGC技术的高质量文旅产品，例如高度沉浸式的宋韵文化主题体验馆、利用AR技术打造的历史场景再现游览线路，以及依托于AI生成的内容创作平台，让游客在互动参与中领略宋韵文化的魅力。

3. 数据驱动的决策支持系统

建设完善的文化旅游资源数据库，运用大数据技术和AI算法精准预测市场趋势及用户需求，为文旅产品的设计优化、服务质量提升提供数据支撑。通过AI生成内容平台，利用AI的深度学习和智能生成能力，根据游客的兴趣爱好、行程安排等自动生成与宋韵文化相关的独特故事线、诗词歌赋、音乐舞蹈等内容，为其量身定制与众不同的旅游攻略、推荐独具匠心的游览路线，甚至生成与目的地文化密切相关的虚拟现实体验内容，从而提供更加贴合游客内心期待的个性化服务，实现千人千面的个性化体验。

4. 协同创新生态体系

党的二十大报告提出了"四链"融合，即创新链、产业链、资金链、人才链的深度融合，其本质是通过优化配置人才、资本等关键创新资源，打破传统边界，实现跨组织、跨领域的高效协作和创新资源的畅通流动。要素市场化配置是推动构建新发展格局、提升国家创新体系整体效能的关键手段，其核心本质是在政府宏观调控引导下，充分借助和发挥市场机制的基础性作用，对土地、劳动力、资本、技术、数据等各种生产要素进行有效、合理、高效的配置，旨在消除要素市场壁垒，促进要素自由流动，提升要素配置效率，进一步激发经济活力和社会创造力，最终实现经济高质量发展和国家整体竞争力的提升。这一过程中，既要强调市场在资源配置中的决定性作用，又要注重更好发挥政府的引导和服务职能，破除制约要素自由流动的体制机制障碍，建立健全统一开放、竞争有序的要素市场体系。

（二）产业智能化升级和创新改革

目前由于市场分割、信息不对称、制度滞后等原因，创新要素在不同组织间流动时常面临障碍，造成资源配置效率低下。数据孤岛问题的存在严重制约了数字经济时代下文旅行业的互联互通和协同发展。在文旅产业中，各个单位和部门所拥有的数据资源若不能得到有效整合与共享，将导致行业无法充分利用大数据的优势，阻碍产业的智能化升级和创新发展。

要克服这一难题，需要从顶层制度设计到具体实施策略的全方位改革。制定出台相应政策法规，鼓励和规范数据的开放与共享，建立健全数据安全保障体系，同时推动行政部门以更加透明、开放的姿态实施数据驱动的社会治理，强化数据流通使用的法制化和规范化。通过政策引导和资金支持，协助搭建统一的公共服务平台，促进文旅数据开放、版权保护以及知识产权的有效管理，为 AIGC 技术在文旅产业的应用营造良好的生态环境。这种紧密合作旨在打破壁垒，形成合力，共同推动我国数字文旅产业的高质量发展，鼓励和支持学术界、产业界、政府部门之间的紧密合作，共同搭建开放共享的数字文旅创新生态系统，促进各方资源的有效整合与高效利用。

　　行业协会、企业及各类组织须积极响应，联手打破数据壁垒，通过建立统一的标准和接口，实现数据的互通互联。比如，可以组建数字文旅产业联盟，共同打造覆盖全产业链的数据交换平台，将分散在不同环节的数据资源进行整合，形成有价值的综合性数据池。构建包含数据采集、存储、分析、应用在内的全链条服务能力，将数据孤岛转化为数据网络，全面提升文旅行业的场景化服务水平。通过精准的数据分析，为用户提供个性化、智能化的旅游体验，同时为行业管理者提供决策支持，推动文旅行业的高质量、可持续发展。

　　在数字经济的大背景下，数据犹如一把锋利的"双面刃"，其重要作用和风险并存。一方面，数据作为新型生产要素，对政府的精细化管理和企业的精准服务起到了决定性支撑作用，它能够帮助决策者更准确地把握市场趋势，提升服务质量和效率，为文旅行业的发展提供强大动力。例如，通过数据分析可以优化旅游资源配置，提升旅游体验，促进文旅产业的智能化和个性化发展。另一方面，数据的不当使用和滥用现象频发，如侵犯隐私权的行为、大数据歧视性定价等，不仅侵犯了消费者的合法权益，也削弱了监管部门和行业企业的公众信任，为文旅行业的数字化转型之路埋下了隐患。因此，必须采取有效措施，加大对线上文旅服务平台的监管力度，健全和完善网络安全管理体系，确保数据采集、更新、维护、共享和应用等环节合法合规。

　　管理部门需要制定并严格执行针对文化和旅游领域数据管理的法律法规，明确规定数据所有权、使用权以及数据流转的责任边界，强化行业自律，形成法治化管理的长效机制。同时，依靠大数据、人工智能、区块链等先进技术，构建一套全面、高效、透明的统计监测和决策分析系统，以提升政府对在线旅游平台等数字化场景的监管效能，做到监管精准、协调有序、反应迅速，确保文旅行业在数字化转型的过程中稳健前行，实现社会效益和经济效益的双重提升。为数字文旅项目的规划、审批、建设和运营提供明确的指引和有力的保障，确保深度融合过程中的文化保护、知识产权维护以及可持续发展原则得到充分贯彻。

　　总之，立足杭州深厚的宋韵文化底蕴，面对数字技术带来的时代机遇，应积极构建和完善适应新时代需求的数字文旅融合发展理论体系，引导实践向纵深推进，推动杭州从传统的"人间天堂"迈向集历史文化底蕴与现代科技力量于一体的"数字人文高地"，从而在全球范围内树立起独特而鲜明的城市文化品牌。

内 容 提 要

本书专注于宋韵汉服在数字时代下的焕活及传承，是一部深度融合学术理论与技术创新的研究专著。本书探讨了文化传承在当今时代背景下的迫切需求，并深入挖掘了宋韵文化的实质内涵，梳理并分析了宋代服饰文化的历史变迁、美学韵味和文化内核。聚焦于生成式神经网络模型在宋韵汉服重构上的应用，揭示了如何运用扩散模型等技术，赋予宋韵文化全新的生命活力。

本书旨在为传统服饰学者、文化遗产保护者、服饰设计师及广大关心传统文化与科技互动的读者提供全面、有深度的见解。致力于借助数字技术的力量，加深宋韵文化的传播，强化民族文化的认同感和自豪感，以科技之力推动中华优秀传统文化在新的时代背景下绽放异彩，永续流传。

图书在版编目（CIP）数据

时光织锦：AIGC 在宋韵服饰数字生命重构中的应用与研究 / 刘士瑾著 . -- 北京：中国纺织出版社有限公司，2024.6

ISBN 978-7-5229-1796-2

Ⅰ. ①时… Ⅱ. ①刘… Ⅲ. ①数字技术－应用－服饰文化－研究－中国－宋代 Ⅳ. ①TS941.742.44-39

中国国家版本馆 CIP 数据核字（2024）第 105273 号

Shiguang Zhijin: AIGC Zai Songyun Fushi Shuzi Shengming Chonggou Zhong De Yingyong Yu Yanjiu

责任编辑：施 琦　　　责任校对：李泽巾
责任印制：王艳丽

中国纺织出版社有限公司出版发行
地址：北京市朝阳区百子湾东里 A407 号楼　邮政编码：100124
销售电话：010—67004422　传真：010—87155801
http://www.c-textilep.com
中国纺织出版社天猫旗舰店
官方微博 http://weibo.com/2119887771
北京华联印刷有限公司印刷　各地新华书店经销
2024 年 6 月第 1 版第 1 次印刷
开本：787×1092　1/16　印张：10.5
字数：220 千字　定价：98.00 元